贵 州 省 水 利 厅
贵 州 省 财 政 厅

贵州省水利工程维修养护定额
（试行）

中国水利水电出版社
www.waterpub.com.cn

·北京·

图书在版编目（CIP）数据

贵州省水利工程维修养护定额 : 试行 / 贵州省水利厅, 贵州省财政厅发布. -- 北京 : 中国水利水电出版社, 2020.12
ISBN 978-7-5170-9363-3

Ⅰ. ①贵… Ⅱ. ①贵… ②贵… Ⅲ. ①水利工程－维修－预算定额－贵州 Ⅳ. ①TV512

中国版本图书馆CIP数据核字(2021)第007746号

书　名	贵州省水利工程维修养护定额(试行) GUIZHOU SHENG SHUILI GONGCHENG WEIXIU YANGHU DING'E(SHIXING)	
作　者	贵 州 省 水 利 厅 贵 州 省 财 政 厅	发布
出版发行	中国水利水电出版社 （北京市海淀区玉渊潭南路1号D座　100038） 网址：www. waterpub. com. cn E-mail：sales@waterpub. com. cn 电话：(010)68367658(营销中心)	
经　售	北京科水图书销售中心(零售) 电话：(010)88383994、63202643、68545874 全国各地新华书店和相关出版物销售网点	
排　版	中国水利水电出版社微机排版中心	
印　刷	清淞永业(天津)印刷有限公司	
规　格	140mm×203mm　32开本　3.75印张　94千字	
版　次	2020年12月第1版　2020年12月第1次印刷	
印　数	0001—3000册	
定　价	**68.00元**	

贵州省水利厅
贵州省财政厅 文件

黔水运管〔2020〕28号

省水利厅 财政厅 关于印发《贵州省水利工程维修养护定额（试行）》的通知

省水利投资（集团）有限责任公司，省松柏山水库管理处，各市州水务局、财政局：

为贯彻国家财政预算体制改革和水管单位体制改革精神，加强水利工程维修养护经费管理，提高资金使用效益，依据水利部财政部2004年印发的《水利工程维修养护定额标准》规定，结合我省水利工程维修养护实际，省水利厅会同省财政厅组织编制了《贵州省水利工程维修养护定额（试行）》（以下简称《定额》），经省水利厅2020年第9次厅长办公会审议通过，现印发给你们，并就有关事项通知如下：

一、本《定额》是《贵州省水利水电工程系列定额》的补充，是编制和审批贵州省水利工程维修养护费用、主管部门确定和控制水利工程维修养护费用的依据，也是编制贵州省各类水利工程维修养护方案以及购买社会服务费用的指导性标准。《定额》由《贵州省水利工程维修养护定额编制规定（试行）》《贵州省水利工程设备维修养护定额（试行）》《贵州省水利建筑工程维修养护定额（试行）》三部分组成；

二、本《定额》适用于贵州省水利工程设备年度日常维修养护经费预算的编制和核定。超常洪水和重大险情造成的工程修复及工程抢险费用、水利工程更新改造费用及其他专项费用按其他规定执行。

三、本《定额》为公益性水利工程维修养护定额，对准公益性水利工程，要按照工程的功能或资产比例划分公益部分，划分方法是：

1. 同时具有防洪、发电、供水等功能的准公益性水库工程，参照《水利工程管理单位财务制度（暂行）》[（94）财农字第 397 号文]，采用库容比例法划分：公益部分维修养护经费分摊比例＝防洪库容/（兴利库容＋防洪库容）。

2. 同时具有排涝、灌溉等功能的准公益性水闸、泵站工程，按照《水利工程管理单位财务制度（暂行）》的规定，采用工作量比例法划分：公益部分维修养护经费分摊比例＝排水工时/（提水工时＋排水工时）。

四、本定额由维修养护项目工作（工程）量及调整系数组成。调整系数的使用，要根据水利工程实际形态和实际影响因素，按照《定额》的规定，合理确定水利工程维修养护的调整系数，分别计算出调整系数的调整增减值，最终计算出水利工程维修养护项目工作（工程）量。

五、本定额对水闸工程、泵站工程、水库工程、堤防工程、管道工程按照工程级别和规模划分维修养护等级，分别制定维修养护工作（工程）量；其他水利工程可参照执行。

六、本《定额》自 2021 年 1 月 1 日起执行，由省水利厅负责解释。

七、对执行中发现的问题，请及时反馈省水利厅。

贵州省水利厅 贵州省财政厅

2020 年 11 月 16 日

前　言

　　《贵州省水利工程维修养护定额（试行）》（以下简称《定额》）是根据水利部、财政部、住房和城乡建设部等相关部门的规定，参照水利部、财政部2004年印发的《水利工程维修养护定额标准》，结合贵州省水利工程具体情况编制而成。

　　本《定额》在编制过程中，充分考虑了近年来国家有关政策法规的调整以及贵州省水利工程设计和建设管理中的新情况，经广泛调研、征求各方意见和建议、借鉴其他省份编制经验，通过多次研究、讨论、审查，最终经贵州省水利厅2020年第9次厅长办公会审议通过。

　　本《定额》是《贵州省水利水电工程系列定额》的补充，由《贵州省水利工程维修养护定额编制规定（试行）》《贵州省水利工程设备维修养护定额（试行）》《贵州省水利建筑工程维修养护定额（试行）》三部分组成。

　　本《定额》适用于贵州省水利工程年度日常维修养护经费预算的编制和核定，是编制和审批贵州省水利工程维修养护费用、主管部门确定和控制水利工程维修养护费用的依据，也是编制贵州省水利工程维修养护购买社会服务费用的指导性标准。

　　本《定额》在执行过程中，希望各地各单位结合实践，认真总结经验，注意积累资料，如发现需要修改和补充之处，请及时将意见和有关资料寄交贵州省水利厅水利工程管理局（地址：贵阳市南明区西湖巷 34 号，邮编：550002），以供今后修订时参考。

《定额》主编单位：贵州省水利厅

　　　　　　　　　贵州省财政厅

《定额》参编单位：贵州省水利水电勘测设计研究院有限公司

　　　　　　　　　贵州省水利工程养护维修中心

　　　　　　　　　贵州联数软件有限公司

《定额》批准：樊新中

《定额》审定：曾信波　王　槐

《定额》主编：申献平　罗　鹏

《定额》副主编：黄红燕　兰光裕　罗世友

《定额》审查委员会人员：蔡华频　金　莉　杨雪婧

　　　　　　　　　　　　曾奕辉　商崇菊　班雪宇

　　　　　　　　　　　　薛德廷　蒋天秀　袁　俊

　　　　　　　　　　　　刘伯琼

《定额》审查专家组人员：尚友明　章武伟　李文刚

　　　　　　　　　　　　曾奕辉　谭守林　何启敏

　　　　　　　　　　　　陈志强　张贻平

《定额》主要起草人员：陈万敏　杨晓江　易远江

　　　　　　　　　　　刘　娟　罗　鸿　毛文华

　　　　　　　　　　　侯　朝　袁　颖　向国兴

　　　　　　　　　　　罗代明　李　巍　侯　骥

　　　　　　　　　　　刘　勇　张春光　余　林

军　珊　陈　俊　冯　轶　苏

周杰　周军　谭军　钧　李

熊绍华　熊　吴开昕　应刚　骆

兰　洪　鲁　建忠　邓

付立勋　周百麒　陶碧芳

目　录

贵州省水利工程维修养护定额编制规定

（试行）

1 总　　则

1.0.1 为加强贵州省水利工程维修养护费用的管理，规范水利工程维修养护费用预算的编制，合理确定水利工程维修养护费用，提高资金使用效果，根据国家及水利部有关文件精神，结合贵州省水利工程的具体情况，编制本规定。

1.0.2 本规定及相应定额是贵州省水利水电工程系列定额的补充，是编制和审批贵州省水利工程维修养护费用、主管部门确定和控制水利工程维修养护费用的依据，也是编制贵州省水利工程维修养护购买社会服务费用的指导性标准。

1.0.3 本规定及相应定额适用于贵州省已建水利工程年度日常维修养护费用预算的编制和核定。人员经费及日常公用经费、交通工具购置费、超标准洪水和重大险情造成的抢险修复及工程的除险加固、其他超出正常维修养护范围的更新改造等费用按其他规定执行。

1.0.4 维修养护定额编制依据、定额子目执行贵州省水利水电工程系列定额（2011 版），缺项部分按本定额执行，并根据工程量乘以维修养护调整系数。

1.0.5 维修养护费用应按编制年的政策及价格水平进行编制。

1.0.6 本规定由贵州省水利厅负责管理与解释。

1.0.7 本规定自 2021 年 1 月 1 日实施。

2 费用构成

2.0.1 水利工程维修养护费用由建筑工程维修养护费用、设备维修养护费用、临时工程费用、独立费用构成。

2.0.2 建筑工程维修养护费用由直接费、间接费、利润、材料价差、主材（或未计价装置性材料）费及税金组成，营业税改征增值税后，税金指增值税销项税额，间接费增加城市维护建设税、教育费附加和地方教育附加，并计入企业管理费中。

2.0.3 按"价税分离"的计价规则计算建筑工程维修养护费，即直接费（含人工费、材料费、施工机械使用费、措施费）、间接费、利润、材料价差、主材（或未计价装置性材料）费均不包含增值税进项税额，并以此为基础计算增值税税金。

2.0.4 设备维护养护费用按"贵州省水利工程设备维修养护定额标准"乘以调整系数计算。

3 编制方法及计算标准

3.1 人工预算单价

人工预算单价计算方法同《贵州省小型水利水电工程设计概（估）算编制规定（试行）》，艰苦边远地区津贴根据人力资源和社会保障部最新文件调整。

3.2 材料预算价格

3.2.1 材料预算价格包括主要材料预算价格和其他材料预算价格。

3.2.2 主要材料预算价格按《贵州省小型水利水电工程设计概（估）算编制规定（试行）》计算，材料原价的除税价按贵州省水利厅出台的增值税计价最新文件调整。

结合维修养护工程特点，材料二次搬运费等算在运杂费内。

3.2.3 其他材料预算价格可参照《贵州省建设工程造价信息》确定。

3.3 施工用电、风、水预算价格

施工用电、风、水预算价格可按表 3.3.1 中单价直接取用。

表 3.3.1　工程风、水、电价格表

名称	风/(元/m³)	水/(元/m³)	电/[元/(kW·h)]
单价	0.11～0.18	0.64～0.82	0.60～0.84

3.4 施工机械台班费

施工机械台班费依据现行《贵州省水利水电工程施工机械台班费用定额（试行）》计算，并按贵州省水利厅出台的增值税计价最新文件调整。同时，根据维修养护工程特点，在《贵州省水利建筑工程维修养护定额》中增列了部分施工机械台班费定额。

3.5 零星工程

3.5.1 单位工程中工程量小、需要人工和其他费用较多的项目，按零星工程计算。

3.5.2 零星工程单价调整系数如下：

1. 土石方工程

1）工程量 $Q \leqslant 50 \text{m}^3$ 时，人工、机械定额乘以系数 $2 \sim 3$。

2）工程量为 $50 \text{m}^3 < Q \leqslant 100 \text{m}^3$ 时，人工、机械定额乘以系数 $1.5 \sim 2$；

3）工程量 $Q > 100 \text{m}^3$ 时，按定额计算。

2. 混凝土工程

1）工程量小于 50m^3（含 50m^3）时，人工、机械定额乘以系数 $1.5 \sim 2$。

2）工程量大于 50m^3 时，按定额计算。

3. 其他工程

结合工程实际情况，人工、机械定额乘以系数 $2 \sim 3$。

4 维修养护费用编制

4.1 建筑工程维修养护费用

建筑工程维修养护费用按工程量乘以工程单价进行编制。

4.2 设备维修养护费用

设备维修养护费用根据工程维修养护等级按年费用进行编制。

4.3 施工临时工程费用

4.3.1 施工临时工程费用根据工程维修养护实际情况计列，不发生施工临时工程的不计列此项费用。计列方式同《贵州省小型水利水电工程设计概（估）算编制规定（试行）》。

4.3.2 其他临时工程按一至三部分投资合计的 3%～4% 计列。

4.4 独 立 费 用

独立费用由建设管理费、勘测设计费、工程监理费等组成。

1 建设管理费按表 4.4.1-1 计算。

表 4.4.1-1 建 设 管 理 费

建安工程量 F/万元	费率/%
$F \leqslant 5$	0
$5 < F \leqslant 30$	3

建安工程量 F /万元	费率/%
30＜F≤100	2.5
F＞100	2

2 勘测设计费按表 4.4.1-2 标准计算。

表 4.4.1-2 勘 测 设 计 费

建安工程量 F /万元	费率/%
F≤30	3
30＜F≤100	2.5
F＞100	2

3 工程监理费按表 4.4.1-3 计算。

表 4.4.1-3 工 程 监 理 费

建安工程量 F /万元	费率/%
F≤50	2.5
F＞50	2

4.5 其 他 费 用

根据工程维修养护实际情况，其他费用按总投资的 2% 计取，用于工程的实施方案编制、项目审查、招投标及验收等开支。

贵州省水利工程设备维修养护定额

（试行）

1 总 则

1.0.1　为科学合理地编制贵州省水利工程设备维修养护经费预算，加强贵州省水利工程设备维修养护经费的管理，提高资金使用效益，结合贵州省水利工程维修养护工作实际，制定《贵州省水利工程设备维修养护定额（试行）》（以下简称《定额》）。

1.0.2　本定额的编制，认真贯彻国家财政预算体制改革和水管单位体制改革精神，严格执行国家及省财政预算政策和有关规定，按照水利工程设备维修养护内容，完善和细化预算定额及项目工作（工程）量，力求做到科学合理、操作规范、讲求效益。

1.0.3　本定额适用于贵州省水利工程设备年度日常维修养护经费预算的编制和核定。超常洪水和重大险情造成的工程修复和工程抢险费用、水利工程更新改造费用及其他专项费用按其他规定执行。

1.0.4　本定额为公益性水利工程维修养护定额，对于准公益性水利工程，要按照工程的功能或资产比例划分公益部分，划分方法如下：

　　1　同时具有防洪、发电、供水等功能的准公益性水库工程，参照《水利工程管理单位财务制度（暂行）》（财农字〔1994〕397号），采用库容比例法划分：公益部分维修养护经费分摊比例＝防洪库容/（兴利库容＋防洪库容）。

　　2　同时具有排涝、灌溉等功能的准公益性水闸、泵站工程，按照《水利工程管理单位财务制度（暂行）》的规定，采用工作量比例法划分：公益部分维修养护经费分摊比例＝排水工时/（提水工时＋排水工时）。

1.0.5　本定额由维修养护项目工作（工程）量及调整系数组成。

调整系数根据水利工程实际维修养护内容和调整因素采用。

1.0.6 本定额对水闸工程、泵站工程、水库工程、堤防工程、管道工程按照工程级别和规模划分维修养护等级，分别制定维修养护工作（工程）量；其他水利工程可参照执行。

1.0.7 水闸工程维修养护等级分为三级八等，具体划分标准按表1.0.7执行。

表 1.0.7　水闸工程维修养护等级划分表

级别	大型				中型		小型	
等别	一等	二等	三等	四等	五等	六等	七等	八等
流量 $Q/(\text{m}^3/\text{s})$	$Q\geqslant$ 10000	$5000\leqslant Q$ <10000	$3000\leqslant Q$ <5000	$1000\leqslant$ $Q<3000$	$500\leqslant Q$ <1000	$100\leqslant Q$ <500	$10\leqslant Q$ <100	$Q<10$
孔口面积 A/m^2	$A\geqslant2000$	$800\leqslant A$ <2000	$600\leqslant A$ <1100	$400\leqslant A$ <900	$200\leqslant A$ <400	$50\leqslant A$ <200	$10\leqslant A$ <50	$A<10$

> **注**　同时满足流量及孔口面积两个条件，即为该等级水闸。只满足其中一个条件的，其等级降低一等。水闸流量按校核过闸流量大小划分，无校核过闸流量以设计过闸流量为准。孔口面积为孔口宽度与校核水位和水闸底板高程差的乘积。

1.0.8 泵站工程维修养护等级分为三级五等，具体划分标准按表1.0.8执行。

表 1.0.8　泵站工程维修养护等级划分表

级别	大型站	中型站			小型站
等别	一等	二等	三等	四等	五等
装机容量 P/kW	$P\geqslant10000$	$5000\leqslant P$ <10000	$1000\leqslant P<5000$	$100\leqslant P<1000$	$P<100$

1.0.9 水库工程维修养护等级分为四级，具体划分标准按表1.0.9执行。

表 1.0.9　水库工程维修养护等级划分表

级别	大（1）型	大（2）型	中型	小型
水库总库容 V/亿 m³	$V \geqslant 10$	$1 \leqslant V < 10$	$0.1 \leqslant V < 1$	$0.01 \leqslant V < 0.1$
水库坝高 H/m		$H \leqslant 80$	$H \leqslant 60$	$15 \leqslant H \leqslant 35$

注　以水库总库容为主要指标划分水库工程维修养护等级，水库坝高超过该等级指标时，可提高一级确定。

1.0.10　堤防工程维修养护等级分为三级八类，具体划分标准按表 1.0.10 执行。

表 1.0.10　堤防工程维修养护等级划分表

堤防工程类别	堤防设计标准	1 级堤防			2 级堤防			3 级及以下堤防	
	堤防维护类别	一类	二类	三类	一类	二类	三类	一类	二类
分类指标	背河堤高 H/m	$H \geqslant 8$	$6 \leqslant H < 8$	$H < 6$	$H \geqslant 6$	$4 \leqslant H < 6$	$H < 4$	$H \geqslant 4$	$H < 4$
	堤身断面建筑轮廓线 L/m	$L \geqslant 100$	$50 \leqslant L < 100$	$L < 50$	$L \geqslant 60$	$30 \leqslant L < 60$	$L < 30$	$L \geqslant 20$	$L < 20$

注　1. 堤防级别按《堤防工程设计规范》（GB 50286—2013）确定。凡符合分类指标其中之一者即为该类工程。

　　2. 堤身断面建筑轮廓线长度 L 为堤顶宽度加地面以上临背堤坡长之和，淤区和戗体不计入堤身断面。

1.0.11　管道工程维修养护种类分为五类，具体划分种类按表 1.0.11 执行。

表 1.0.11　管道工程维修养护种类划分表

类别	一类	二类	三类	四类	五类
名称	塑料管	玻璃钢管	混凝土管	钢管	球墨铸铁管

1.0.12　使用本定额一般按下列程序进行操作：①首先按照工程类型，确定设备维修养护等级；②对照"定额项目构成"确定设备维修养护项目；③按设备维修养护项目查找对应的基本工作（工程）量，根据工程实际影响因素确定调整系数（若某一基本

维修养护项目有多个调整系数时，采取系数连乘，作为该项目最终的调整系数），调整设备维修养护工作（工程）量；④参照或取用单价分析成果，实际确定设备维修养护项目单价；⑤根据工作（工程）量和单价计算出各类工程的设备维修养护经费。

　　若根据本定额附录 A《贵州省水利工程设备维修养护定额标准》直接确定设备维修养护费用，一般按下列程序进行操作：①首先按照工程类型，确定设备维修养护等级；②对照"定额项目构成"确定设备维修养护定额项目；③按设备维修养护项目查找对应的设备基本维修养护定额标准和设备调整维修养护定额标准；④根据工程实际影响因素确定调整系数（若某一基本维修养护项目有多个调整系数时，采取系数连乘，作为该项目最终的调整系数），调整设备维修养护定额标准；⑤将设备基本维修养护项目定额标准和设备调整维修养护项目定额标准相加，计算出各类工程的设备维修养护经费。

1.0.13　本定额编制价格水平为 2018 年第 3 季度。

2 定额项目构成

2.1 水闸工程设备维修养护定额项目

水闸工程设备维修养护定额项目包括闸门维修养护、启闭机维修养护、机电设备（自动控制、监测及监视系统）维修养护、河道形态与河床演变观测、物料动力消耗。

1 闸门维修养护内容包括止水更换、闸门防腐处理，闸门承载及支撑行走装置维修养护。

2 启闭机维修养护内容包括机体表面防腐处理、钢丝绳维修养护、传（制）动系统维修养护、配件更换。

3 机电设备维修养护内容包括电动机维修养护、操作设备维修养护、配电设备维修养护、输变电系统维修养护、自备发电机组维修养护、避雷设施维修养护、配件更换。

4 自动控制、监测及监视系统维修养护内容包括计算机自动控制系统维修养护、视频监视系统维修养护、安全监测系统维修养护、备品备件维修养护。

5 河道形态与河床演变观测内容包括按相关规定要求对水闸范围内河床的冲刷、淤积变化进行观测。

6 物料动力消耗内容包括水闸运行及维修养护消耗的电力、柴油、机油和黄油等。

2.2 泵站工程设备维修养护定额项目

泵站工程设备维修养护定额项目包括机电设备维修养护、辅助设备维修养护、物料动力消耗、工作闸门（带拍门）维修养护、检修闸门维修养护、启闭机维修养护、自动控制设施维修养护、自备发电机组维修养护、高低压电器预防性试验、视频监控系统维护、运行管理平台维护、安全监测系统维护、标识牌维修养护、引水管道工程维修养护、变电站维修养护、泵站设备维修养护、工程安全鉴定经费。

1 机电设备维修养护内容包括主机组维修养护、输变电系统维修养护、操作设备维修养护、配电设备维修养护和避雷设施维修养护。

2 辅助设备维修养护内容包括油气水系统维修养护、拍门拦污栅等维修养护和起重设备维修养护。

3 物料动力消耗内容包括泵站维修养护消耗的电力、汽油、机油和黄油等。

2.3 水库工程设备维修养护定额项目

水库工程设备维修养护定额项目包括主体工程维修养护、闸门维修养护、启闭机维修养护、机电设备维修养护、物料动力消耗、自动控制设施维修养护、大坝电梯维修、门式启闭机定期维修、检修闸门维修、通风机维修养护、自备发电机组维修养护、洪水测报系统维修养护、安全监测系统维修养护、视频监控系统维修养护、运行管理平台维修养护、标识牌维修养护、启闭机及闸门安全检测、启闭机及闸门设备评级、工程安全鉴定。

1 主体工程分为混凝土坝和土石坝。混凝土坝包括重力坝和拱坝等，土石坝包括均质土坝和面板堆石坝等。主体工程设备维修养护内容包括金属件防腐维修、观测设施维修养护。

2 闸门维修养护内容包括闸门表层损坏处理、止水更换、行走支承装置维修养护。

3 启闭机维修养护内容包括机体表面防腐处理、钢丝绳维修养护、传（制）动系统维修养护。

4 机电设备维修养护内容包括电动机维修养护、操作系统维修养护、配电设施维修养护、输变电系统维修养护、避雷设施维修养护。

5 物料动力消耗内容包括水库维修养护消耗的电力、柴油、机油和黄油等。

2.4 堤防工程维修养护定额项目

堤防工程维修养护定额项目包括自动控制、监视、监控及通信系统维修养护，防汛抢险物料维修养护，堤防隐患探测，水文及水情测报设施维修养护。

1 自动控制、监视、监控及通信系统维修养护内容包括定期对设备进行清洁和检查、及时排除故障、修复损坏设备及线路、定期对软件系统进行维护、定期对避雷设施进行检测。

2 防汛抢险物料维修养护内容包括及时清除杂草杂物，定期清点、检查，及时补充、更换相应物资物料。

3 堤防隐患探测维修养护内容包括普查探测堤防隐患分布情况，详查隐患分布堤段，详查堤段不小于普查堤段 20%。

4 水文及水情测报设施维修养护内容包括定期对各监测设备检查、清洗、校核和率定，更换不灵敏及损坏部件，及时对系统进行维护升级。有防潮湿和防锈蚀要求的设施设备定期采取除湿措施和防腐处理。

2.5 管道工程维修养护定额项目

管道工程维修养护定额项目包括塑料管维修养护、玻璃钢管维修养护、混凝土管维修养护、钢管维修养护、球墨铸铁管维修养护。

  1 塑料管维修养护内容包括管道（含管件）更换、泄水井及检修井维修养护等。

  2 玻璃钢管维修养护内容包括管道（含管件）更换、泄水井及检修井维修养护等。

  3 混凝土管维修养护内容包括管道（含管件）更换、管道漏水修补、出水口维修养护、沉砂池维修养护、泄水井及检修井维修养护、管道清淤及沉砂池清淤等。

  4 钢管维修养护内容包括管道（含管件）维修养护、泄水井及检修井维修养护等。

  5 球墨铸铁管维修养护内容包括管道（含管件）维修养护、泄水井及检修井维修养护等。

3 维修养护工作（工程）量

3.1 水闸工程设备维修养护工作（工程）量

3.1.1 水闸工程设备维修养护项目工作（工程）量，以各等别水闸工程平均流量（下限及上限）、平均孔口面积（下限及上限）、孔口数量为计算基准，计算基准见表3.1.1。

3.1.2 水闸工程设备维修养护项目工作（工程）量按表3.1.2执行。

表 3.1.1 水闸工程设备计算基准表

级别	大　型				中型		小型	
等别	一等	二等	三等	四等	五等	六等	七等	八等
流量 $Q/(\mathrm{m^3/s})$	10000	7500	4000	2000	750	300	55	10
孔口面积 $A/\mathrm{m^2}$	2400	1800	910	525	240	150	30	10
孔口数量/孔	60	45	26	15	8	5	2	1

表 3.1.2 水闸工程设备维修养护项目工作（工程）量表

编号	项目	单位	大　型				中型		小型	
			一等	二等	三等	四等	五等	六等	七等	八等
	合计									
一	闸门维修养护									
1	止水更换	m	653	490	283	163	71	44	12	6
2	闸门防腐处理	$\mathrm{m^3}$	2400	1800	910	525	240	150	30	10
3	闸门承载及支撑行走装置维修养护	维修率	按闸门资产的0.5%计算							
二	启闭机维修养护									

编号	项目	单位	大　型				中型		小型	
			一等	二等	三等	四等	五等	六等	七等	八等
1	机体表面防腐处理	m²	1800	1350	676	390	176	100	24	9
2	钢丝绳维修养护	工日	600	450	260	150	80	50	20	10
3	传（制）动系统维修养护	工日	480	360	208	120	64	40	16	8
4	配件更换	更换率	按启闭机资产的 1.5% 计算							
三	机电设备维修养护									
1	电动机维修养护	工日	540	405	234	135	72	45	18	108
2	操作设备维修养护	工日	360	270	156	90	48	30	12	6
3	配电设备维修养护	工日	168	141	76	56	36	23	14	12
4	输变电系统维修养护	工日	288	228	140	96	62	50	20	10
5	自备发电机组维修养护	kW	按实有功率计算							
6	避雷设施维修养护	工日	24	22.5	15	13.5	6	6	3	3
7	配件更换	更换率	按机电设备资产的 1.5% 计算							
四	自动控制、监测及监视系统维修养护									
1	计算机自动控制系统维修养护	维修率	按其固定资产原值的 5% 计算							
2	视频监视系统维修养护	维修率	按其固定资产原值的 5% 计算							
3	安全监测系统维修养护	维修率	按其固定资产原值的 5% 计算							

编号	项目	单位	大 型				中 型		小 型	
			一等	二等	三等	四等	五等	六等	七等	八等
五	河道形态与河床演变观测	更换率	按其固定资产原值的1.5%计算							
六	物料动力消耗									
1	电力消耗	kW·h	45662	39931	29679	25402	19179	15371	2343	483
2	柴油消耗	kg	7200	5408	3360	1440	800	440	176	60
3	机油消耗	kg	1080	811.2	504	216	120	66	26.4	9
4	黄油消耗	kg	1000	800	700	600	400	200	100	50

3.1.3 水闸工程设备维修养护项目工作（工程）量调整系数按表 3.1.3 执行。

表 3.1.3 水闸工程设备维修养护项目工作（工程）量调整系数表

编号	影响因素	基准	调整对象	调整系数
1	孔口面积	一~八等水闸计算基准孔口面积分别为2400m²、1800m²、910m²、525m²、240m²、150m²、30m²和10m²	闸门维修养护	按直线内插法计算，超过范围按直线外延法
2	孔口数量	一~八等水闸计算基准孔口数量分别为60孔、45孔、26孔、15孔、8孔、5孔、2孔和1孔	闸门和启闭机维修养护	一~八等水闸每增减1孔，系数分别增减1/60、1/45、1/26、1/15、1/8、1/5、1/2、1
3	设计流量	一~八等水闸计算基准流量分别为10000m³/s、7500m³/s、4000m³/s、2000m³/s、750m³/s、300m³/s、55m³/s和10m³/s	水工建筑物维修养护	按直线内插法计算，超过范围按直线外延法
4	启闭机类型	卷扬式启闭机	启闭机维修养护	螺杆式启闭机系数减少0.3，油压式启闭机系数减少0.1

编号	影响因素	基准	调整对象	调整系数
5	闸门类型	钢闸门	闸门维修养护	混凝土闸门系数调减 0.3，弧形钢闸门系数增加 0.1
6	严寒影响	非高寒地区	闸门及水工建筑物	高寒地区系数增加 0.05
7	运用时间	启闭机年运行 24 小时	物料动力消耗	启闭机运行时间每增加 8 小时，系数增加 0.2
8	流量小于 $10\mathrm{m^3/s}$ 的水闸	$10\mathrm{m^3/s}$	八等水闸维修养护项目	$5\mathrm{m^3/s} \leqslant Q < 10\mathrm{m^3/s}$，系数调减 0.59；$3\mathrm{m^3/s} \leqslant Q < 5\mathrm{m^3/s}$，系数调减 0.71；$1\mathrm{m^3/s} \leqslant Q < 3\mathrm{m^3/s}$，系数调减 0.84。上述三个流量设计计算基准流量分别为 $7\mathrm{m^3/s}$、$4\mathrm{m^3/s}$ 和 $2\mathrm{m^3/s}$，同一级别其他值采用内插法或外延法取得

3.2 泵站工程设备维修养护工作（工程）量

3.2.1 泵站工程设备维修养护项目工作（工程）量以各等别泵站工程平均装机容量（下限及上限）为计算基准，计算基准见表 3.2.1。

表 3.2.1 泵站工程设备计算基准表

级别	大型站	中型站			小型站
等别	一等	二等	三等	四等	五等
总装机容量 P/kW	10000	7500	3000	550	100

3.2.2 泵站工程设备维修养护项目工作（工程）量按表 3.2.2 执行。

表 3.2.2 泵站工程设备维修养护项目工作（工程）量表

编号	项 目	单位	大型站	中型站			小型站
			一等	二等	三等	四等	五等
一	机电设备维修养护						
1	主机组维修养护	工日	1854	1390	556	134	36
2	输变电系统维修养护	工日	197	172	108	52	25
3	操作设备维修养护	工日	527	328	131	56	34
4	配电设备维修养护	工日	618	464	185	44	12
5	避雷设施维修养护	工日	22	19	11	7	2
6	配件更换	更换率	按机电设备资产的 1.5％计算				
二	辅助设备维修养护						
1	油气水系统维修养护	工日	798	581	240	100	58
2	拍门拦污栅等维修养护	工日	106	79	32	22	15
3	起重设备维修养护	工日	69	52	21	13	8
4	配件更换		按辅助设备资产的 1.5％计算				
三	物料动力消耗						
1	电力消耗	kW·h	11470	9356	4829	3018	1509
2	汽油消耗	kg	270	195	108	21	6
3	机油消耗	kg	180	120	72	21	6
4	黄油消耗	kg	216	150	96	24	7
四	工作闸门（带拍门）维修养护	个	按检修闸门实有数量及同级别工作闸门维修养护费用乘以 0.2				

编号	项　　目	单位	大型站	中型站			小型站
			一等	二等	三等	四等	五等
五	检修闸门维修养护	个	按实有数量计算				
六	启闭机维修养护	维修率	按其固定资产原值的5%计算				
七	自动控制设施维修养护	维修率	按自动控制设施资产的5%计算				
八	自备发电机组维修养护	kW	按实有功率计算				
九	高低压电器预防性试验	试验率	参照上一次合同金额计算				
十	视频监控系统维护	维护率	按其固定资产原值的5%计算				
十一	运行管理平台维护	维护率	按其固定资产原值的5%计算				
十二	安全监测系统维护	维护率	按其固定资产原值的5%计算				
十三	标识牌维修养护		按实际需修复或更换的标识牌费用计算				
十四	引水管道工程维修养护	维护率	按其固定资产原值的5%计算				
十五	变电站维修养护		参照电力部门相关规定计算				
十六	泵站设备维修养护		参照上一次合同金额或市场价计算				
十七	工程安全鉴定经费		按有关规定并结合实际编制预算并报批，手续完备后列入下一年度计划				

3.2.3 泵站工程设备维修养护项目工作（工程）量调整系数按表3.2.3执行。

表 3.2.3　泵站工程设备维修养护项目工作（工程）量调整系数表

编号	影响因素	基准	调整对象	调整系数
1	装机容量	一～五等泵站计算基准装机容量分别为 10000kW、7500kW、3000kW、550kW 和100kW	维修养护项目	按直线内插法计算，超过范围按直线外延法

编号	影响因素	基准	调整对象	调整系数
2	严寒影响	非高寒地区	泵站建筑物	高寒地区系数增加 0.05
3	水泵类型	混流泵	主机组检修	轴流泵系数增加 0.1

3.3 水库工程设备维修养护工作（工程）量

3.3.1 水库工程设备维修养护项目工作（工程）量，以水库级别的坝高、坝长、闸门孔数、启闭机台数为计算基准，计算基准见表 3.3.1。

表 3.3.1 水库工程设备计算基准表

工程级别	大（1）型	大（2）型	中型	小型
坝高/m	100	70	50	30
坝长/m	600	600	600	600
闸门扇数/扇	10	7	4	2
启闭机台数/台	10	7	4	2

3.3.2 水库工程设备维修养护项目工作（工程）量按表 3.3.2 执行。低于 13m 的水库工程副坝设备维修养护项目工作（工程）量参照堤防工程设备维修养护项目工作（工程）量执行，进、出水闸设备参照水闸工程设备维修养护项目工作（工程）量执行。

3.3.3 水库工程设备维修养护项目工作（工程）量调整系数按表 3.3.3 执行。

表 3.3.2 水库工程设备维修养护项目工作（工程）量表

编号	项目	单位	大(1)型 混凝土坝 重力坝	大(1)型 混凝土坝 拱坝	大(1)型 土石坝 均质土坝	大(1)型 土石坝 面板堆石坝	大(2)型 混凝土坝 重力坝	大(2)型 混凝土坝 拱坝	大(2)型 土石坝 均质土坝	大(2)型 土石坝 面板堆石坝	中型 混凝土坝 重力坝	中型 混凝土坝 拱坝	中型 土石坝 均质土坝	中型 土石坝 面板堆石坝	小型 混凝土坝 重力坝	小型 混凝土坝 拱坝	小型 土石坝 均质土坝	小型 土石坝 面板堆石坝
一	主体工程维修养护																	
1	金属件防腐维修	m²	1200	1440	1200	1680	840	1008	840	1176	480	576	480	672	240	288	240	336
2	观测设施维修养护	工日	452	542	452	633	339	407	339	475	226	271	226	316	113	136	113	158
3	观测设施更换	更换率	按观测设施资产的 1.5%计算															
二	闸门维修养护																	
1	止水更换长度	m	70	84	70	98	49	59	49	69	28	34	28	39	14	17	14	20
2	防腐处理面积	m²	600	720	600	840	420	504	420	588	240	288	240	336	120	144	120	168
3	放水涵闸防腐处理	m²	62	74	62	87	42	50	42	59		29			10	12	10	14
三	启闭机维修养护																	
1	机体表面防腐处理	m²	300	360	300	420	210	252	210	294	120	144	120	168	60	72	60	84
2	钢丝绳维修养护	工日	122	146	122	171	86	103	86	120	50	60	50	70	24	29	24	34
3	传（制）动系统维修养护	工日	62	74	62	87	42	50	42	59	24	29	24	34	12	14	21	29
4	放水涵闸启闭设施维修养护	工日													16	19	16	22

续表3.3.2

编号	项目	单位	大(1)型				大(2)型				中型				小型			
			混凝土坝		土石坝		混凝土坝		土石坝		混凝土坝		土石坝		混凝土坝		土石坝	
			重力坝	拱坝	均质土坝	面板堆石坝	重力坝	拱坝	均质土坝	面板堆石坝	重力坝	拱坝	均质土坝	面板堆石坝	重力坝	拱坝	均质土坝	面板堆石坝
5	配件更换	更换率	按传(制)动系统资产的1.5%计算															
四	机电设备维修养护																	
1	电动机维修养护	工日	169	203	169	237	96	115	96	134	55	66	55	77	14	17	14	20
2	操作系统维修养护	工日	300	360	300	420	193	232	193	270	110	132	110	154	28	34	28	39
3	配电设施维修养护	工日	188	226	188	263	114	137	114	160	65	78	65	91	16	19	16	22
4	输变电系统维修养护	工日	400	480	400	560	258	310	258	361	148	178	148	207	37	44	37	52
5	避雷设施维护维修养护	工日	50	60	50	70	35	42	35	49	20	24	20	28	5	6	5	7
6	机电设备配件更换	更换率	按机电设备资产的1.5计算															
五	物料动力消耗																	
1	电力消耗	kW·h	45000	54000	45000	63000	35000	42000	35000	49000	20000	24000	20000	28000	10000	12000	10000	14000
2	柴油消耗	kg	2000	2400	2000	2800	1600	1920	1600	2240	1200	1440	1200	1680	800	960	800	1120
3	机油消耗	kg	2000	2400	2000	2800	1600	1920	1600	2240	1200	1440	1200	1680	800	960	800	1120
4	黄油消耗	kg	1000	1200	1000	1400	700	840	700	980	500	600	500	700	200	240	200	280
六	自动控制设施维修养护	维修率	按其固定资产的5%计算															

续表3.3.2

编号	项目	单位	大（1）型 混凝土坝 重力坝	拱坝	土石坝 均质土坝	面板堆石坝	大（2）型 混凝土坝 重力坝	拱坝	土石坝 均质土坝	面板堆石坝	中型 混凝土坝 重力坝	拱坝	土石坝 均质土坝	面板堆石坝	小型 混凝土坝 重力坝	拱坝	土石坝 均质土坝	面板堆石坝
七	大坝电梯维修	维修率	按其固定资产的1%计算															
八	门式启闭机维修	维修率	大型水库按其固定资产的1.2%计算，中小型水库按其固定资产的1.5%计算															
九	检修闸门维修	扇	按实有闸门数量计算															
十	通风机维修养护	台	按实有功率计算															
十一	自备发电机组维修养护	kW	按实有功率计算															
十二	洪水测报系统维修养护	维修率	按其固定资产原值的5%计算															
十三	安全监测系统维修养护	维修率	按其固定资产原值的5%计算															
十四	视频监控系统维修养护	维修率	按其固定资产原值的5%计算															
十五	运行管理平台维修养护	维修率	按其固定资产原值的5%计算															
十六	标识牌维修养护		按实际需复修或更换的标识牌费用计算															
十七	启闭机及闸门安全检测		参照上一次合同金额或市场价计算															
十八	启闭机及闸门设备评级		参照上一次合同金额或市场价计算															
十九	工程安全鉴定经费		按有关规定结合实际编制预算并报批，手续完备后列入下一年度计划															

表 3.3.3　水库工程设备维修养护项目工作（工程）量调整系数表

编号	影响因素	基准	调整对象	调整系数
1	闸门扇数	大（1）型　10 扇	闸门、启闭机维修养护	每增减 1 扇，系数增减 0.1
		大（2）型　7 扇		每增减 1 扇，系数增减 0.14
		中型　4 扇		每增减 1 扇，系数增减 0.25
		小型　2 扇		每增减 1 扇，系数增减 0.5
2	坝长	600m	混凝土坝对主体工程维修养护进行调整、土石坝仅对护坡工程进行调整	每增减 100m，系数增减 0.17
3	坝高	大（1）型　100m	混凝土坝对主体工程维修养护进行调整、土石坝仅对护坡工程进行调整	每增减 5m，系数增减 0.05
		大（2）型　70m		每增减 5m，系数增减 0.07
		中型　50m		每增减 5m，系数增减 0.1
		小型　35m		每增减 5m，系数增减 0.14
4	含沙量	多年平均含沙量 5kg/m³ 以下	主体工程维修养护	大于 5kg/m³，系数增加 0.1
5	闸门类型	平板钢闸门	闸门维修养护	弧形钢闸门系数增加 0.2
6	严寒影响	非严寒地区	主体工程维修养护	高寒地区系数增加 0.05

3.4　堤防工程设备维修养护工作（工程）量

3.4.1　堤防工程设备维修养护项目工作（工程）量，以 1000m 长度的堤防为计算基准。维修养护项目工作（工程）量按表 3.4.1 执行。

3.4.2　堤防工程设备维修养护项目工作（工程）量调整系数按表 3.4.2 执行。

表 3.4.1 堤防工程设备维修养护项目工作（工程）量表

编号	项目	单位	1级堤防			2级堤防			3级及以下堤防	
			一类	二类	三类	一类	二类	三类	一类	二类
	合计									
一	自动控制、监视、监控及通信系统维修养护	元	按其固定资产原值的5％计算							
二	防汛抢险物料维修养护	元	按需养护防汛物资采购总价值的1％计算							
三	堤防隐患探测									
1	普通探测	m	100	100	100	70	70	70		
2	详细探测	m	10	10	10	7	7	7		
四	水文及水情测报设施维修养护	维修率	按其固定资产原值的5％计算							

表 3.4.2 堤防工程设备维修养护项目工作（工程）量调整系数表

影响因素	基准	调整对象	调整系数
年降水量变差系数 C_v	0.15～0.3	维修养护项目	≥0.3，系数增加0.05；<0.15，系数减少0.05

3.5 管道工程维修养护工作（工程）量

管道工程维修养护项目工作（工程）量按表3.5.1执行。

表 3.5.1 管道工程维修养护项目工作（工程）量表

工程类型	单位	塑料管	玻璃钢管	混凝土管	钢管	球墨铸铁管
管道工程	m	按管道设施总长度的2.5％计算				

4 附 则

4.0.1 本定额自颁布之日起执行。

4.0.2 本定额由贵州省水利厅负责解释和修订。

4.0.3 贵州省水利工程设备维修养护定额标准见附录 A。

附录 A：贵州省水利工程设备维修养护定额标准

A.1 水闸工程设备维修养护定额标准

A.1.1 水闸工程设备基本维修养护项目定额标准按表 A.1.1 执行。

表 A.1.1 水闸工程设备基本维修养护项目定额标准表

单位：元/(座·年)

编号	项　目	大　　型				中　型		小　型	
		一等	二等	三等	四等	五等	六等	七等	八等
一	闸门维修养护								
1	止水更换	275782	206836	119506	68945	29877	18672	5170	2585
2	闸门维修养护	212306	159230	80499	46442	21230	13270	2654	884
3	闸门承载及支撑行走装置维修养护	按闸门资产的 0.5％计算							
二	启闭机维修养护								
1	机体表面防腐处理	46884	35163	17607	10159	4584	2605	625	235
2	钢丝绳维修养护	35640	26730	15444	8910	4752	2970	1188	594
3	传（制）动系统维修养护	28512	21384	12355	7128	3802	2376	950	475
4	配件更换	按启闭机资产的 1.5％计算							
三	机电设备维修养护								
1	电动机维修养护	32076	24057	13900	8019	4277	2673	1069	535
2	操作设备维修养护	21384	16038	9266	5346	2851	1782	713	356

编号	项 目	大 型				中 型		小 型	
		一等	二等	三等	四等	五等	六等	七等	八等
3	配电设备维修养护	9979	8375	4514	3326	2138	1366	832	713
4	输变电系统维修养护	17107	13543	8316	5702	3683	2970	1188	594
5	自备发电机组维修养护	按实有功率计算，25 元/kW							
6	避雷设施维修养护	1426	1337	891	802	356	356	178	178
7	配件更换	按机电设备资产的 1.5%计算							
四	自动控制、监测及监视系统维修养护								
1	计算机自动控制系统维修养护	按其固定资产原值的 5%计算							
2	视频监视系统维修养护	按其固定资产原值的 5%计算							
3	安全监测系统维修养护	按其固定资产原值的 5%计算							
五	河道形态与河床演变观测	按其固定资产原值的 1.5%计算							
六	物料动力消耗								
1	电力消耗	32831	28710	21339	18264	13790	11052	1685	347
2	柴油消耗	61445	46152	28674	12289	6827	3755	1502	512
3	机油消耗	6674	5013	3115	1335	742	408	163	56
4	黄油消耗	9270	7416	6489	3708	3708	1854	927	464

A.1.2 水闸工程设备维修养护定额标准调整系数按表 A.1.2 执行。

表 A.1.2 水闸工程设备维修养护定额标准调整系数表

编号	影响因素	基 准	调整对象	调整系数
1	人工地区类别	一类区	按工日计工作量	二类区调整系数为 1.14，三类区调整系数为 1.36
2	孔口面积	一～八等水闸计算基准孔口面积分别为 2400m²、1800m²、910m²、525m²、240m²、150m²、30m² 和 10m²	闸门维修养护	按直线内插法计算，超过范围按直线外延法
3	孔口数量	一～八等水闸计算基准孔口数量分别为 60 孔、45 孔、26 孔、15 孔、8 孔、5 孔、2 孔和 1 孔	闸门和启闭机维修养护	一～八等水闸每增减 1 孔，系数分别增减 1/60、1/45、1/26、1/15、1/8、1/5、1/2、1
4	设计流量	一～八等水闸计算基准流量分别为 10000m³/s、7500m³/s、4000m³/s、2000m³/s、750m³/s、300m³/s、55m³/s 和 10m³/s	水工建筑物维修养护	按直线内插法计算，超过范围按直线外延法
5	启闭机类型	卷扬式启闭机	启闭机维修养护	螺杆式启闭机系数减少 0.3，油压式启闭机系数减少 0.1
6	闸门类型	钢闸门	闸门维修养护	混凝土闸门系数调减 0.3，弧形钢闸门系数增加 0.1
7	严寒影响	非高寒地区	闸门及水工建筑物	高寒地区系数增加 0.05
8	运用时间	启闭机年运行 24 小时	物料动力消耗	启闭机运行时间每增加 8 小时，系数增加 0.2

编号	影响因素	基准	调整对象	调整系数
9	流量小于 $10m^3/s$ 的水闸	$10m^3/s$	八等水闸基本项目	$5m^3/s \leqslant Q < 10m^3/s$，系数调减 0.59；$3m^3/s \leqslant Q < 5m^3/s$，系数调减 0.71；$1m^3/s \leqslant Q < 3m^3/s$，系数调减 0.84。上述三个流量段计算基准流量分别为 $7m^3/s$、$4m^3/s$ 和 $2m^3/s$，同一级别其他值采用内插法或外延法取得

A.2 泵站工程设备维修养护定额标准

A.2.1 泵站工程设备基本维修养护项目定额标准按表 A.2.1 执行。

表 A.2.1 泵站工程设备基本维修养护项目定额标准表

单位：元/(座•年)

编号	项 目	大型站	中 型 站		小型站
		一等	二等	三等	四等	五等
	合 计	262890	193973	82110	28146	12530
一	机电设备维修养护	191149	140956	58865	17404	6475
1	主机组维修养护	110128	82566	33026	7960	2138
2	输变电系统维修养护	11702	10217	6415	3089	1485
3	操作设备维修养护	31304	19483	7781	3326	2020
4	配电设备维修养护	36709	27562	10989	2614	713
5	避雷设施维修养护	1307	1129	653	416	119

编号	项 目	大型站	中 型 站		小型站
		一等	二等	三等	四等	五等
二	辅助设备维修养护	57796	42293	17404	8019	4811
1	油气水系统维修养护	47401	34511	14256	5940	3445
2	拍门拦污栅等维修养护	6296	4693	1901	1307	891
3	起重设备维修养护	4099	3089	1247	772	475
三	物料动力消耗	13944	10724	5840	2723	1244
1	电力消耗	8247	6727	3472	2170	1085
2	汽油消耗	2583	1865	1033	201	57
3	机油消耗	1112	742	445	130	37
4	黄油消耗	2002	1391	890	222	65

A.2.2 泵站工程设备调整维修养护项目定额标准按表 A.2.2 执行。

表 A.2.2 泵站工程设备调整维修养护项目定额标准表

编号	项 目	工程规模及单位	定额标准/元	备注
1	工作闸门（带拍门）维修养护	个	按检修闸门实有数量及同级别工作闸门维修养护费用乘以 0.2	
2	检修闸门维修养护	$Q \geqslant 50m^3/s$	27420	单个闸门
		$30 \leqslant Q < 50m^3/s$	16452	
		$10 \leqslant Q < 30m^3/s$	5484	
		$5 \leqslant Q < 10m^3/s$	2742	
		$Q < 5m^3/s$	665	
3	启闭机维修养护	维修率	按其固定资产原值的 5% 计算	

编号	项 目	工程规模及单位	定额标准/元	备注
4	自备发电机组维修养护	kW	25元	
5	自动控制设施维修养护		按其固定资产5%计算	
6	高低压电器预防性试验	试验率	参照上一次合同金额计算	
7	视频监控系统维护	维护率	按其固定资产原值的5%计算	
8	运行管理平台维护	维护率	按其固定资产原值的5%计算	
9	安全监测系统维护	维护率	按其固定资产原值的5%计算	
10	标识牌维修养护	元	按实际需修复或更换的标识牌费用计算	
11	引水管道工程维修养护	维护率	按其固定资产原值的5%计算	
12	变电站维修养护	元	参照电力部门相关规定计算	
13	泵站设备维修养护	元	参照上一次合同金额或市场价计算	
14	工程安全鉴定经费	元	按有关规定并结合实际编制预算并报批，手续完备后列入下一年度计划	

A.2.3 泵站工程设备维修养护定额标准调整系数按表 A.2.3 执行。

表 A.2.3　泵站工程设备维修养护定额标准调整系数表

编号	影响因素	基　准	调整对象	调整系数
1	人工地区类别	一类区	按工日计工作量	二类区调整系数为 1.14，三类区调整系数为 1.36
2	装机容量	一～五等泵站计算基准装机容量分别为 10000kW、7500kW、3000kW、550kW 和 100kW	基本项目	按直线内插法计算，超过范围按直线外延法
3	严寒影响	非高寒地区	泵站建筑物	高寒地区系数增加 0.05
4	水泵类型	混流泵	主机组检修	轴流泵系数增加 0.1

A.3　水库工程设备维修养护定额标准

A.3.1　水库工程设备基本维修养护项目定额标准按表 A.3.1 执行。低于 13m 的水库工程副坝设备维修养护定额标准参照堤防工程设备维修养护定额标准执行，进、出水闸设备参照水闸工程设备维修养护定额标准执行。

A.3.2　水库工程设备调整维修养护项目定额标准按表 A.3.2 执行。

A.3.3　水库工程设备维修养护定额标准调整系数按表 A.3.3 执行。

表 A.3.1　水库工程设备基本维修养护项目定额标准表

单位：元/（座·年）

编号	项目	大(1)型				大(2)型				中型				小型			
		混凝土坝		土石坝		混凝土坝		土石坝		混凝土坝		土石坝		混凝土坝		土石坝	
		重力坝	拱坝	均质土坝	面板堆石坝	重力坝	拱坝	均质土坝	面板堆石坝	重力坝	拱坝	均质土坝	面板堆石坝	重力坝	拱坝	均质土坝	面板堆石坝
	合计	296938	356290	296938	415760	209924	252018	209924	294052	127073	152682	127073	177805	60076	72188	60611	85013
一	主体工程维修养护	58229	69851	58229	81532	42103	50535	42103	58967	25976	31160	25976	36343	12988	15610	12988	18172
1	金属件防腐维修	31380	37656	31380	43932	21966	26359	21966	30752	12552	15062	12552	17573	6276	7531	6276	8786
2	观测设施维修养护	26949	32195	28849	37600	20137	24176	20137	28215	13424	16097	13424	18770	6712	8078	6712	9385
二	闸门维修养护	83126	99751	83126	116376	58188	69911	58188	81634	33250	40071	33250	46465	16625	20035	16625	23446
1	止水更换长度	29840	35808	29840	41775	20888	25151	20888	29413	11936	14494	11936	16625	5968	7247	5968	8526
2	防腐处理面积	53286	63943	53286	74600	37300	44760	37300	52220	21314	25577	21314	29840	10657	12789	10657	14920
3	放水涵闸防腐处理									888				888	1066	888	1243
三	启闭机维修养护	18775	22482	18775	26308	13095	15678	13095	18321	7534	9052	7534	10571	3707	4437	3707	5939
1	机体表面防腐处理	7845	9414	7845	10983	5492	6590	5492	7688	3138	3766	3138	4393	1569	1883	1569	2197
2	钢丝绳维修养护	7247	8672	7247	10157	5108	6118	5108	7128	2970	3564	2970	4158	1426	1723	1426	2020
3	传(制)动系统维修养护	3683	4396	3683	5168	2495	2970	2495	3505	1426	1723	1426	2020	713	832	1247	1723

续表 A.3.1

编号	项目	大(1)型				大(2)型				中型				小型			
		混凝土坝		土石坝		混凝土坝		土石坝		混凝土坝		土石坝		混凝土坝		土石坝	
		重力坝	拱坝	均质土坝	面板堆石坝	重力坝	拱坝	均质土坝	面板堆石坝	重力坝	拱坝	均质土坝	面板堆石坝	重力坝	拱坝	均质土坝	面板堆石坝
4	放水涵闸启闭设施维修养护													950	1129	950	1307
四	机电设备维修养护	65756	78943	65756	92070	41342	49658	41342	57856	23641	28393	23641	33086	5940	7128	5940	8316
1	电动机维修养护	10039	12058	10039	14078	5702	6831	5702	7960	3267	3920	3267	4574	832	1010	832	1188
2	操作系统维修养护	17820	21384	17820	24948	11464	13781	11464	16038	6534	7841	6534	9148	1663	2020	1663	2317
3	配电设施维修养护	11167	13424	11167	15622	6772	8138	6772	9504	3861	4633	3861	5405	950	1129	950	1307
4	输变电系统维修养护	23760	28512	23760	33264	15325	18414	15325	21443	8791	10573	8791	12296	2198	2614	2198	3089
5	避雷设施维护养护	2970	3564	2970	4158	2079	2495	2079	2911	1188	1426	1188	1663	297	356	297	416
五	物料动力消耗	71053	85264	71053	99474	55196	66236	55196	77275	36672	44006	36672	51341	20815	24978	20815	29141
1	电力消耗	32355	38826	32355	45297	25165	30198	25165	35231	14380	17256	14380	20132	7190	8628	7190	10066
2	柴油消耗	17068	20482	17068	23895	13654	16385	13654	19116	10241	12289	10241	14337	6827	8193	6827	9558
3	机油消耗	12360	14832	12360	17304	9888	11866	9888	13843	7416	8899	7416	10382	4944	5933	4944	6922
4	黄油消耗	9270	11124	9270	12978	6489	7787	6489	9085	4635	5562	4635	6489	1854	2225	1854	2596

表 A.3.2　水库工程设备调整维修养护项目定额标准表

编号	项目		工程规模及单位	定额标准/元	备注
1	自动控制设施运行维护			按其固定资产的5%计算	
2	大坝电梯维修			按其固定资产的1%计算	
3	门式启闭机维修	大型水库		按其固定资产的1.2%计算	
		中小型水库		按其固定资产的1.5%计算	
4	检修闸门维修		同级别闸门	工作闸门维修费乘以0.2	
5	通风机维修养护		台	5739	
6	自备发电机组维修养护		kW	25元	
7	洪水测报系统维修养护		维修率	按其固定资产原值的5%计算	
8	安全监测系统维修养护		维修率	按其固定资产原值的5%计算	
9	视频监控系统维修养护		维修率	按其固定资产原值的5%计算	
10	运行管理平台维修养护		维修率	按其固定资产原值的5%计算	
11	标识牌维修养护		元	按实际需修复或更换的标识牌费用计算	
12	启闭机及闸门安全检测		元	参照上一次合同金额或市场价计算	
13	启闭机及闸门设备评级		元	参照上一次合同金额或市场价计算	
14	工程安全鉴定经费		元	按有关规定并结合实际编制预算并报批，手续完备后列入下一年度计划	

表 A.3.3　水库工程设备维修养护定额标准调整系数表

编号	影响因素	基准	调整对象	调整系数
1	人工地区类别	一类区	按工日计工作量	二类区调整系数为 1.14，三类区调整系数为 1.36
2	闸门扇数	大（1）型　10 扇	闸门、启闭机维修养护	每增减 1 扇，系数增减 0.1
		大（2）型　7 扇		每增减 1 扇，系数增减 0.14
		中型　4 扇		每增减 1 扇，系数增减 0.25
		小型　2 扇		每增减 1 扇，系数增减 0.5
3	坝长	600m	混凝土坝对主体工程维修养护进行调整、土石坝仅对护坡工程进行调整	每增减100m，系数增减 0.17
4	坝高	大（1）型　100m	混凝土坝对主体工程维修养护进行调整、土石坝仅对护坡工程进行调整	每增减 5m，系数增减 0.05
		大（2）型　70m		每增减 5m，系数增减 0.07
		中型　50m		每增减 5m，系数增减 0.1
		小型　35m		每增减 5m，系数增减 0.14
5	含沙量	多年平均含沙量 5kg/m³ 以下	主体工程维修养护	大于 5kg/m³，系数增加 0.1
6	闸门类型	平板钢闸门	闸门维修养护	弧形钢闸门系数增加 0.2
7	严寒影响	非严寒地区	主体工程维修养护	高寒地区系数增加 0.05

A.4 堤防工程设备维修养护定额标准

A.4.1 堤防工程设备基本维修养护项目定额标准按表 A.4.1 执行。

表 A.4.1 堤防工程基本维修养护项目定额标准表

单位：元/(km·年)

编号	项　目	1级堤防			2级堤防			3级及以下堤防	
		一类	二类	三类	一类	二类	三类	一类	二类
	合计								
一	自动控制、监视、监控及通信系统维修养护	按其固定资产原值的5%计算							
二	防汛抢险物料维修养护	按需养护防汛物资采购总价值的1%计算							
三	堤防隐患探测								
1	普通探测	525	525	525	368	368	368		
2	详细探测	145	145	145	102	102	102		
四	水文及水情测报设施维修养护	按其固定资产原值的5%计算							

A.4.2 堤防工程设备维修养护定额标准调整系数按表 A.4.2 执行。

表 A.4.2 堤防工程设备维修养护定额标准调整系数表

影响因素	基准	调整对象	调整系数
年降水量变差系数 C_v	0.15～0.3	基本项目及有关调整项目	$C_v \geqslant 0.3$，系数增加 0.05；$C_v < 0.15$，系数减少 0.05

A.5 管道工程维修养护定额标准

管道工程基本维修养护项目定额标准按表 A.5.1 执行。

表 A.5.1 管道工程基本维修养护项目定额标准表

单位：元/(m·年)

工程类型	塑料管 DN50~ DN125	玻璃钢管 DN300~ DN800	混凝土管 DN300~ DN800	钢管 DN300~ DN800	球墨铸铁管 DN300~ DN800
管道工程维修养护	11~53	307~1269	55~282	306~869	298~1296

注 根据管径，按内插或外延法计算。

贵州省水利建筑工程维修养护定额

（试行）

1 土 石 方 工 程

说 明

本章包括清杂，人工修整坝、堤、渠道等边坡，回填土料（松填），危石（岩）处理，清理塌方、滑坡，静态爆破，人工凿石，人工凿沟槽，人工凿基坑，切割机切一般石方，切割机切坑（槽）石方，共11节56个子目录。本章定额单位，除注明外，均按自然方计算。数字用区间表示的，如2000～2500，适用于大于2000、小于或等于2500的数字范围。

1.1 清 杂

1.1.1 伐树（棵）

工作内容包括锯（砍）倒、断枝、截断、堆放。

单位：100 棵

项目	单位	树 身 直 径				
		5～10mm	10～20mm	20～30mm	30～40mm	40～50mm
技工	工日					
普工	工日	5.2	5.8	8.6	12.1	17.1
合计	工日	5.2	5.8	8.6	12.1	17.1
零星材料费	%	5	5	5	5	5
编号		GZ1－001	GZ1－002	GZ1－003	GZ1－004	GZ1－005

注 树身直径以离地面20cm高的树为准。

1.1.2 人工挖树根、竹根（棵）

工作内容包括挖除、堆放。

单位：100 棵

项目	单位	树 身 直 径					竹根
		5～10mm	10～20mm	20～30mm	30～40mm	40～50mm	
技工	工日						
普工	工日	27.8	31.0	46.3	83.3	165.0	0.6
合计	工日	27.8	31.0	46.3	83.3	165.0	0.6
零星材料费	%	4	4	4	4	4	4
编号		GZ1－006	GZ1－007	GZ1－008	GZ1－009	GZ1－010	GZ1－011

注 树身直径以离地面20cm高的树为准。竹根开挖定额是按散生编制，若为丛生，单丛不大于5棵，定额乘以1.1的系数；单丛大于5棵，定额乘以1.3的系数。

1.1.3 挖掘机挖树根、竹根（棵）

工作内容包括挖除、堆放。

单位：100 棵

项目	单位	竹根
技工	工日	
普工	工日	0.5
合计	工日	0.5
零星材料费	％	2
挖掘机 1m³	台班	0.1
编　号		GZ1－012

注 树身直径以离地面 20cm 高的树为准。

1.1.4 挖掘机挖草皮

工作内容包括推挖、堆放。

单位：100m²

项　目	单位	推草皮
技工	工日	
普工	工日	0.3
合计	工日	0.3
零星材料费	％	2
推土机 74kW	台班	0.2
编　号		GZ1－013

1.2 人工修整坝、堤、渠道等边坡

工作内容包括按设计边坡挂线、修理、拍平。

单位：100m²

项目	单位	挖方边坡															填方边坡				
		土类级别 I、II					III					IV					土类级别 I~IV				
		修整厚度					修整厚度					修整厚度					修整厚度				
		≤10cm	20cm	30cm	40cm	50cm	≤10cm	20cm	30cm	40cm	50cm	≤10cm	20cm	30cm	40cm	50cm	≤10cm	20cm	30cm	40cm	50cm
技工	工日	—	—	—	—	—	—	—	—	—	—	—	—	—	—	—	—	—	—	—	—
普工	工日	1.4	2.5	3.4	4.2	4.7	2.5	4.5	6.1	7.4	8.4	3.8	7.0	9.5	11.5	13.1	2.0	3.1	4.0	4.8	5.3
合计	工日	1.4	2.5	3.4	4.2	4.7	2.5	4.5	6.1	7.4	8.4	3.8	7.0	9.5	11.5	13.1	2.0	3.1	4.0	4.8	5.3
零星材料费	%	5	5	5	5	5	5	5	5	5	5	5	5	5	5	5	5	5	5	5	5
编号		GZ1—014	GZ1—015	GZ1—016	GZ1—017	GZ1—018	GZ1—019	GZ1—020	GZ1—021	GZ1—022	GZ1—023	GZ1—024	GZ1—025	GZ1—026	GZ1—027	GZ1—028	GZ1—029	GZ1—030	GZ1—031	GZ1—032	GZ1—033

1.3 回填土料（松填）

工作内容包括5m内取土、回填。

单位：100m³

项　　目	单位	松　　填
技工	工日	0.2
普工	工日	11.4
合计	工日	11.6
零星材料费	%	5
编　　号		GZ1－034

1.4 危石（岩）处理

工作内容包括：

1 孤石分解：操作脚手架搭设、拆除、人工打眼、小爆破、解小、装运、清理现场。

2 人工排除裸露危石：安设人工安全防护带、吊索，排除危石，石渣清理。

3 危崖刷坡处理：机械凿除裸露和松散的表层、装卸运输、修整边坡及底面、清理现场。

项　目	单位	危岩处理		危岩刷坡
		人工分解小孤石	人工排除裸露危岩	
技工	工日	16.0	50.0	
普工	工日	33.0	101.0	
合计	工日	49.0	151.0	
钢钎	kg	5.0		
炸药	kg	30.0		
导电线	m	580.0		
电雷管	个	190.0		
其他（零星）材料费	%	2	2	
液压挖掘机　2m³	台班			0.59
其他机械费	%	1	1	
编　号		GZ1－035	GZ1－036	GZ1－037

注　石渣需要汽车远运时，套用汽车增运定额。

1.5　清理塌方、滑坡

1.5.1　人工清运工作内容包括人工装、运、卸，运出边沟外。

项目	单位	土方	土夹石	石方	泥夹石	稀泥
技工	工日					
普工	工日	18.9	27.5	29.8	31.9	45.0
合计	工日	18.9	27.5	29.8	31.9	45.0
其他机械费	%	2	2	2	2	2
编　号		GZ1－038	GZ1－039	GZ1－040	GZ1－041	GZ1－042

注　人工清运，运距超过 20m 时，按人工运土方的增运定额计算。

1.5.2 机械清运工作内容包括机械装、运、卸，空回，运出边沟外。

项目		单位	土方	石方
技工		工日		
普工		工日		
合计		工日		
挖掘机	0.6m³	台班	0.34	0.47
	1.0m³	台班	0.22	0.28
	2.0m³	台班	0.13	0.20
装载机	1.0m³	台班	0.44	0.60
	2.0m³	台班	0.39	0.48
	3.0m³	台班	0.23	0.36
编 号			GZ1－043	GZ1－044

注 运距超过 500m 时，按汽车运土方的增运定额计算。塌方中有需要爆破的石方时，按相应的定额计算。

1.6 静 态 爆 破

工作内容包括准备工作、放样、钻孔、清孔、预裂、解小。

单位：100m³

项目	单位	V～Ⅷ	Ⅷ～Ⅹ
技工	工日		
普工	工日	4.4	5.7
合计	工日	4.4	5.7

续表

项目	单位	V～Ⅷ	Ⅷ～Ⅹ
钢钎	kg	1.3	1.6
合金钻头 φ50	个	1.21	1.48
静爆剂	kg	78.0	176.8
其他材料费	%	3	3
风钻（气腿式）	台班	2.35	3.11
空压机 9m³	台班	0.90	1.10
其他机械费	%	5	5
编 号		GZ1-045	GZ1-046

注 运距超过 500m 时，按汽车运土方的增运定额计算。塌方中有需要爆破的石方时，按相应的定额计算。

1.7 人 工 凿 石

工作内容包括凿石、修边、清渣、攒堆待运。

单位：100m³

项目	单位	V～Ⅷ	Ⅷ～Ⅹ
技工	工日		
普工	工日	65.86	250.95
合计	工日	65.86	250.95
编 号		GZ1-047	GZ1-048

1.8 人 工 凿 沟 槽

工作内容包括槽壁打直、底捡平、将石渣运出槽边 1m 以外 5m 以内。

单位：100m³

项目	单位	V～Ⅷ	Ⅷ～X
技工	工日		
普工	工日	97.46	340.40
合计	工日	97.46	340.40
编　号		GZ1－049	GZ1－050

1.9 人 工 凿 基 坑

工作内容包括坑壁打直、底捡平、将石渣运出坑边 1m 以外 5m 以内。

单位：100m³

项目	单位	V～Ⅷ	Ⅷ～X
技工	工日		
普工	工日	116.88	343.49
合计	工日	116.88	343.49
编　号		GZ1－051	GZ1－052

1.10 切割机切一般石方

工作内容包括切割机锯缝、开凿石方、打碎、修边捡底。

单位：100m³

项目	单位	V～Ⅷ	Ⅷ～Ⅹ
技工	工日		
普工	工日	106.28	233.41
合计	工日	106.28	233.41
刀片	片	0.17	0.23
水	m³	6.50	8.50
岩石切割机 3kW	台班	4.57	3.00
编　号		GZ1－053	GZ1－054

1.11 切割机切坑（槽）石方

工作内容包括切割机锯缝、开凿石方、打碎、修边捡底、将石渣运出坑边 1m 以外 5m 以内。

单位：100m³

项目	单位	V～Ⅷ	Ⅷ～Ⅹ
技工	工日		
普工	工日	157.25	352.32
合计	工日	157.25	352.32
刀片	片	0.25	0.36
水	m³	6.50	8.00
岩石切割机 3kW	台班	3.35	4.80
编　号		GZ1－055	GZ1－056

2 浆砌石工程

说　明

　　本章包括原砌体表面清理，砌体砂浆抹面，砌体拆除，砂浆拌制，人工运砂浆，胶轮车运砂浆，生态挡墙砌筑，生态护坡铺设，砌体裂缝修补，土工布贴缝，共 10 节 49 个子目。本章定额单位均按建筑物及构筑物的成品实体方计算。

2.1 原砌体表面清理

工作内容包括擦、洗表面灰尘和污垢。

单位：100m²

项目	单位	平面	立面
技工	工日		
普工	工日	0.3	0.4
合计	工日	0.3	0.4
零星材料费	％	5	5
编　号		GZ2－001	GZ2－002

注　斜面角度大于30°时，按立面计算。

2.2 砌体砂浆抹面

工作内容包括原砌体面清理、修整、砂浆拌制、运输、冲洗、抹灰、压光。

单位：100m²

项　目	单位	平面		立面		拱面	
		厚2cm	每增厚1cm	厚2cm	每增厚1cm	厚2cm	每增厚1cm
技工	工日	4.5	2.0	6.5	2.9	11.9	5.3
普工	工日	4.9	2.2	6.9	3.1	24.4	5.6
合计	工日	9.4	4.2	13.4	6.0	36.3	10.9
砂浆	m³	2.10	1.05	2.30	1.20	2.50	1.30
其他材料费	％	8	0	8	0	8	0
胶轮车	台班	0.43	0.22	0.47	0.24	0.51	0.25
搅拌机 0.4m³	台班	0.05	0.03	0.05	0.03	0.06	0.03
编号		GZ2－003	GZ2－004	GZ2－005	GZ2－006	GZ2－007	GZ2－008

注　斜面角度大于30°时，按立面计算。

2.3 砌 体 拆 除

工作内容包括拆除、清理、堆放。

2.3.1 人工拆除

单位：100m³

项　　目	单位	预制块
技工	工日	
普工	工日	59.8
合计	工日	59.8
零星材料费	%	0.5
编　　号		GZ2－009

2.3.2 机械拆除

单位：100m³

项　　目	单位	预制块
技工	工日	
普工	工日	2.6
合计	工日	2.6
零星材料费	%	2
挖掘机　1m³	台班	0.42
编　　号		GZ2－010

2.4 砂 浆 拌 制

工作内容包括配料、投料、加水、搅拌、出料、清洗。

单位：100m³

项目	单位	人工拌制	机械拌制	
			0.4m³	0.2m³
技工	工日		18.3	24.7
普工	工日	69.3	24.3	32.8
合计	工日	69.3	42.6	57.5
零星材料费	％	1	1	1
砂浆搅拌机	台班		2.32	9.85
胶轮车	台班		11.11	11.11
编　号		GZ2－011	GZ2－012	GZ2－013

2.5 人 工 运 砂 浆

工作内容包括装、挑（抬）、运、卸、清洗。

2.5.1 露天运输

单位：100m³

项目	单位	运　距/m					每增运 20m
		10	20	30	40	50	
技工	工日						
普工	工日	28.9	36.2	43.3	50.3	57.6	13.3
合计	工日	28.9	36.2	43.3	50.3	57.6	13.3
零星材料费	％	10	10	10	10	10	10
编号		GZ2－014	GZ2－015	GZ2－016	GZ2－017	GZ2－018	GZ2－019

2.5.2 洞内运输

单位：100m³

项目	单位	运 距/m					每增运 20m
		10	20	30	40	50	
技工	工日						
普工	工日	34.7	43.4	51.9	60.4	69.1	16.0
合计	工日	34.7	43.4	51.9	60.4	69.1	16.0
零星材料费	%	10	10	10	10	10	10
编号		GZ2－020	GZ2－021	GZ2－022	GZ2－023	GZ2－024	GZ2－025

2.6 胶轮车运砂浆

工作内容包括装、运、卸、清洗。

2.6.1 露天运输

单位：100m³

项目	单位	运 距/m					每增运 20m
		10	20	30	40	50	
技工	工日						
普工	工日	9.4	11.5	13.7	15.8	17.9	2.0
合计	工日	9.4	11.5	13.7	15.8	17.9	2.0
零星材料费	%	10	10	10	10	10	10
胶轮车	台班	6.01	7.44	8.87	10.30	11.73	1.29
编号		GZ2－026	GZ2－027	GZ2－028	GZ2－029	GZ2－030	GZ2－031

2.6.2 洞内运输

项目	单位	运　距/m					每增运
		10	20	30	40	50	20m
技工	工日						
普工	工日	14.1	17.3	20.5	23.7	26.9	3.0
合计	工日	14.1	17.3	20.5	23.7	26.9	3.0
零星材料费	%	10	10	10	10	10	10
胶轮车	台班	9.01	11.15	13.30	15.46	17.59	1.93
编号		GZ2-032	GZ2-033	GZ2-034	GZ2-035	GZ2-036	GZ2-037

2.7　生态挡墙砌筑

2.7.1　混凝土砌块挡墙

工作内容包括场地清理、场内卸、运预制块、找平、砌筑锚固、墙后1.2m以内填土及分层压实。

单位：100m²

项　目	单位	自卡锁结构挡墙	自嵌联锁式结构挡墙
		规格（长×宽×高）	
		400mm×280mm×150mm	400mm×325mm×150mm
		孔洞率　21.5%	孔洞率　23.5%
技工	工日	10.2	4.5
普工	工日	13.7	10.9
合计	工日	23.9	15.4

项　目	单位	自卡锁结构挡墙	自嵌联锁式结构挡墙
		规格（长×宽×高）	
		400mm×280mm×150mm	400mm×325mm×150mm
		孔洞率　21.5％	孔洞率　23.5％
混凝土砌块	m²	102.00	102.00
玻璃纤维插销	根	—	3350.00
其他材料	％	2.00	2.00
胶轮车	台班	4.16	4.16
汽车起重机　5t	台班	0.18	0.11
推土机　74kW	台班	0.03	0.03
手扶式双滚轮压路机 CVT-600C	台班	0.88	0.88
其他机械费	％	1.00	1.00
编　号		GZ2-038	GZ2-039

注　1. 本定额是按 100m² 迎水面墙体所需预制混凝土砌块面积考虑，实际使用时应结合设计图示的砌块规格按实调整砌块材料费，人工用量不做调整。

　　2. 定额中的手扶式双滚轮压路机是用于墙后 1.2m 以内分层压实（每层高 0.3m），其机械台班费用可参照《手扶式双滚轮压路机台班费补充定额》计算。

　　3. 生态挡墙基础开挖、防滑前趾基础和压顶的混凝土铺筑、土工格栅和土工布铺设、孔洞和墙后填料、植草绿化的费用均不包含在本节定额内。

　　4. 墙后 1.2m 以外的压实费用，另行套用预算定额相应项目计算。

　　5. 常水位以下，感潮段河流生态挡墙砌筑，人工用量乘以系数 1.25。

2.7.2 宾格网挡墙

工作内容包括人工组装、安装、封闭及各工序绞合、运填石料等。

单位：100m³

项　目	单位	宾格网 网规格（长×宽×高）：2m×1m×1m 网孔：100mm×120mm
技工	工日	11.3
普工	工日	22.6
合计	工日	33.9
宾格网	m²	566.50
块石	m³	106.00
其他材料	%	1.00
液压挖掘机　1m³	台班	0.10
载重汽车　5t	台班	0.20
其他机械费	%	1.00
编　号		GZ2-040

注　1. 宾格网是按2m×1m×1m规格（包括中间1个隔片）展开面积拟定，设计
规格不同时，宾格网数量应按设计调整，其他不变。

2. 生态挡墙基础开挖、土工织物铺设、墙后填料以及植草绿化的费用均不包
含在本节定额内。

3. 常水位以下，感潮段河流生态挡墙砌筑，人工用量乘以系数1.25。

2.8 生态护坡铺设

2.8.1 混凝土砌块护坡

工作内容包括坡面平整、压实，场内卸、运预制块，找平，铺装砌块，清理场地等。

单位：100m²

项　目	单位	连锁结构生态护坡			
		规格（长×宽×厚）			
		350mm×150mm×120mm	400mm×150mm×150mm	500mm×300mm×100mm	525mm×400mm×120mm
		孔隙率37.5%	孔隙率39.4%	孔隙率28%	孔隙率28%
技工	工日	7.3	6.6	4.8	4.3
普工	工日	8.7	7.7	6.6	6.0
合计	工日	16.0	14.3	11.4	10.3
混凝土砌块	m²	102	102	102	102
其他材料	%	2	2	2	2
液压挖掘机　1m³	台班	0.48	0.48	0.48	0.48
胶轮车	台班	3.40	2.84	2.57	2.25
汽车起重机　5t	台班	0.15	0.15	0.12	0.12
其他机械费	%	1	1	1	1
编号		GZ2-041	GZ2-042	GZ2-043	GZ2-044

注 1. 本定额的混凝土砌块及主要材料均按100m²坡面考虑，实际使用时应结合设计图示的砌块规格按实调整材料用量。人工用量不做调整。

2. 生态护坡的护脚、压顶、框架护梁等围护结构铺筑、土工布铺设、生态孔回填以及植草绿化的费用均不包含在本节定额内。

2.8.2 柔性水土保护毯护脚护坡

工作内容包括坡面平整、开挖沟槽、铺设土工保护毯、锚固、覆土、撒播草籽、铺盖无纺布、初期养护等。

单位：100m²

项目	单位	标准型 适用于常水位以上的软、硬坡地	预填充型 适用于常水位以下及水位变动区的坡脚及护坡
技工	工日	0.5	1.1
普工	工日	2.6	2.7
合计	工日		3.8
水土保护毯	m²	105.00	105.00
种植土 厚5cm	m³	5.15	5.15
无纺布 18g/m	m²	105.00	105.00
草籽	kg	2.68	2.68
水	m³	8.24	
其他材料	%	1.00	1.00
液压挖掘机 1m³	台班	0.05	0.10
其他机械费	%	2.00	2.00
编号		GZ2-045	GZ2-046

注 1. 水土保护毯及主要材料均按100m²坡面考虑，实际使用时应结合设计图示的规格按实调整材料用量。人工用量不做调整。

2. 定额中的草籽种类、数量，可根据设计要求进行调整。

2.9 砌体裂缝修补

工作内容包括清扫、配制、拌和、运砂浆、灌浆。

单位：100m^2

项目	单位	浆砌石	浆砌预制块
技工	工日		
普工	工日	53.1	50.5
合计	工日	53.1	50.5
水泥	t	0.375	0.375
水	m^3	1.0	1.0
砂	m^3	1.29	1.29
其他材料费	%	5	5
编 号		GZ2－047	GZ2－048

注 裂缝修补工程量以裂缝的长度计算。

2.10 土工布贴缝

工作内容包括清扫、撒油两遍、贴土工布。

单位：100m^2

项 目	单位	土工布贴缝
技工	工日	
普工	工日	1.42
合计	工日	1.42
土工布	m^2	119.03
乳化沥青	kg	121.37
其他材料费	%	5
汽车式沥青喷洒机 400L	台班	0.10
编 号		GZ2－049

3 混凝土工程

说　明

　　本章定额包括混凝土表层涂抹修补、混凝土修补空洞、混凝土裂缝修补、止水修补、混凝土表面防碳化等混凝土的修补和养护，共5节72个子目等。

3.1 混凝土表层涂抹修补

3.1.1 水泥砂浆修补工作内容包括混凝土面清理、凿毛、清仓、清洗、拌和、抹面、收浆。

单位：100m²

项目	单位	平面		立面		拱面
		基本厚度 2cm	每增厚 1cm	基本厚度 2cm	每增厚 1cm	基本厚度 2cm
技工	工日	2.9	1.9	4.2	2.8	7.4
普工	工日	28.8	2.2	40.5	3.1	58.2
合计	工日	31.7	4.1	44.8	5.9	65.6
砂浆	m³	2.10	1.05	2.18	1.09	2.32
水	m³	1.00		1.00		1.00
其他材料费	％	5		5		5
胶轮车	台班	0.63	0.12	0.64	0.14	0.64
编号		GZ3-001	GZ3-002	GZ3-003	GZ3-004	GZ3-005

注 洞内作业，人工乘以系数1.2。

3.1.2 丙乳砂浆修补混凝土工作内容包括待处理面凿毛、人工清理、打磨、清洗、胶泥砂浆拌和、丙乳水泥浆打底、丙乳砂浆抹面、丙乳水泥浆收光。

单位：100m²

项目	单位	无防渗要求		有防渗要求		
		平面	立面	平面	立面	闸门槽
技工	工日	13.4	15.3	13.4	17.2	18.3
普工	工日	26.3	29.4	26.3	35.4	48.9
合计	工日	39.6	44.8	39.6	52.7	67.2
丙乳酸酯共聚乳液	kg	199.00	199.00	324.40	324.40	324.40

项目	单位	无防渗要求		有防渗要求		
		平面	立面	平面	立面	闸门槽
水泥	t	1.20	1.20	1.20	1.20	1.20
砂	m³	1.52	1.52	0.76	0.76	0.76
丙酮	kg	3.34	3.34	5.45	5.45	5.45
水	m³	0.47	0.47	0.47	0.47	0.47
其他材料费	%	7	7	7	7	7
胶轮车	台班	0.61	0.61	0.61	0.61	0.61
编号		GZ3-006	GZ3-007	GZ3-008	GZ3-009	GZ3-010

注 修补厚度按 3cm 考虑，如与实际不符，材料耗量允许换算。

3.1.3 环氧砂浆修补工作内容包括钻孔、钻灌交替、扫孔、孔位转移、修补面凿毛加糙清洗、环氧砂浆配料、混凝土表面修补及养护。

单位：100m²

项　　目	单位	数　　量	
		厚度 10mm	每增减 1mm
技工	工日	4.8	0.48
普工	工日	19.2	1.92
合计	工日	23.9	2.39
环氧树脂	kg	407.49	40.75
丙酮	kg	187.45	18.75
乙二胺	kg	44.83	4.48
二丁酯	kg	44.83	4.48
水泥 P.O42.5	t	0.41	0.04
细砂	m³	0.82	0.08
其他材料	%	1	
编　号		GZ3-011	GZ3-012

3.1.4 混凝土面喷浆修补工作内容包括表面清理、冲洗、配料、喷浆、修整、养护等。

露天喷浆

单位：100m²

项目	单位	无钢筋网 喷浆厚度					有钢筋网 喷浆厚度				
		1cm	2cm	3cm	4cm	5cm	1cm	2cm	3cm	4cm	5cm
技工	工日	5.4	5.9	6.2	6.6	7.0	5.9	6.3	6.63	7.12	7.58
普工	工日	10.8	11.6	12.3	13.1	13.9	11.7	12.5	13.28	14	15
合计	工日	16.1	17.4	18.5	19.8	20.9	17.6	50.6	53.1	57	60.7
水泥	t	0.73	1.45	2.18	2.91	3.64	0.73	1.45	2.18	2.91	3.64
砂	m³	1.09	2.18	3.27	4.36	5.45	1.09	2.18	3.27	4.36	5.45
水	m³	3.00	3.00	4.00	4.00	5.00	3.00	3.00	4.00	4.00	5.00
添加剂	kg	37.00	73.00	109.00	146.00	182.00	37.00	73.00	109.00	146.00	182.00
其他材料费	%	10	5	4	3	2	10	5	4	3	2
喷浆机 75L	台班	0.82	1.01	1.19	1.37	1.54	0.93	1.125	1.3	1.5	2.72
风水枪	台班	0.58	0.58	0.58	0.58	0.58	0.83	0.83	0.83	0.83	0.83
风镐	台班	3.54	3.54	3.54	3.54	3.54	3.54	3.54	3.54	3.54	3.54
其他机械费	%	1	1	1	1	1	1	1	1	1	1
编号		GZ3－013	GZ3－014	GZ3－015	GZ3－016	GZ3－017	GZ3－018	GZ3－019	GZ3－020	GZ3－021	GZ3－022

注 如不需要采用添加剂，则不计取其消耗量。

3.1.5 洞室及地下厂房内喷浆修补。

单位：100m²

项目	单位	无钢筋网 喷浆厚度					有钢筋网 喷浆厚度				
		1cm	2cm	3cm	4cm	5cm	1cm	2cm	3cm	4cm	5cm
技工	工日	6.3	6.8	7.3	7.8	8.2	6.8	7.4	7.7	8.4	8.9
普工	工日	12.8	13.6	14.5	15.5	16.3	13.6	14.7	15.7	16.6	17.6
合计	工日	19.1	20.4	176.0	23.3	24.5	20.5	22.3	23.4	24.9	26.4
水泥	t	0.73	1.45	2.18	2.91	3.64	0.73	1.5	2.2	2.9	3.6
砂	m³	1.09	2.18	3.27	4.36	5.45	1.09	2.18	4	4	5
水	m³	3.00	3.00	4.00	4.00	5.00	3	3	4	4	5
添加剂	kg	37.00	73.00	109.00	146.00	182.00	37	73	109	146	182
其他材料费	%	10	5	4	3	2	10	5	4	3	2
喷浆机 75L	台班	0.95	1.16	1.37	1.59	12.88	1.06	1.28	1.5	1.72	1.95
风水枪	台班	0.67	0.67	0.67	0.67	0.67	0.96	0.96	0.96	0.96	0.96
风镐	台班	4.25	4.25	4.25	4.25	4.25	4.25	4.25	4.25	4.25	4.25
其他机械费	%	1	1	1	1	1	1	1	1	1	1
编号		GZ3-023	GZ3-024	GZ3-025	GZ3-026	GZ3-027	GZ3-028	GZ3-029	GZ3-030	GZ3-031	GZ3-032

注 如不需要采用添加剂，则不计取其消耗量。

3.2 混凝土修补空洞

3.2.1 护坡修补工作内容包括混凝土护坡修补，仓面清洗，混凝土振捣养护，钢木组合模板制作、安装、拆除维修，场内运输与辅助工作等。

土 基

单位：100m²

项 目	单位	衬 砌 厚 度			
		≤10cm	20cm	30cm	40cm
技工	工日	64.65	53.67	42.45	23.90
普工	工日	60.12	50.70	45.31	25.34
合计	工日	124.77	104.36	87.75	49.24
锯材	m³	0.82	0.64	0.43	0.30
组合钢模板	kg	20.42	15.17	10.50	7.00
型钢	kg	11.03	8.19	5.67	3.78
卡扣件	kg	6.50	4.83	3.34	2.23
铁件	kg	7.97	6.20	4.14	2.86
预埋铁件	kg	145.93	112.67	75.71	52.00
铁钉	kg	1.98	1.54	1.03	0.71
铁丝	kg	0.38	0.30	0.20	0.14
混凝土柱	m³	0.43	0.34	0.23	0.16
电焊条	kg	2.50	1.93	1.30	0.89
混凝土	m³	103.00	103.00	103.00	103.00
水	m³	155.62	136.32	117.02	78.43
其他材料费	%	1	1	1	1
圆盘锯	台班	0.24	0.18	0.12	12.92
双面刨床	台班	0.20	0.15	0.10	0.07

续表

项 目	单位	衬 砌 厚 度			
		≤10cm	20cm	30cm	40cm
钢筋切断机 20kW	台班	0.01	0.01	0.01	0.00
钢筋弯曲机 φ6～φ40	台班	0.02	0.02	0.01	0.01
汽车起重机 5t	台班	0.09	0.70	0.47	0.32
载重汽车 5t	台班	0.10	0.08	0.05	0.04
电焊机交流 25kVA	台班	0.44	0.34	0.23	0.16
振动器 1.1kW	台班	5.35	4.71	4.06	2.76
其他机械费	%	5	5	5	5
混凝土拌制	m³	103.00	103.00	103.00	103.00
混凝土运输	m³	103.00	103.00	103.00	103.00
编 号		GZ3－033	GZ3－034	GZ3－035	GZ3－036

岩　基　　　　　　　　单位：100m²

项 目	单位	衬 砌 厚 度			
		≤10cm	20cm	30cm	40cm
技工	工日	69.74	57.72	45.36	26.55
普工	工日	73.82	62.08	50.27	28.56
合计	工日	143.56	119.80	95.63	55.11
锯材	m³	1.23	0.96	0.64	0.44
组合钢模板	kg	30.63	22.76	15.75	10.50
型钢	kg	16.54	12.29	8.51	5.67
卡扣件	kg	9.75	7.24	5.02	3.34
铁件	kg	11.96	9.31	6.21	4.29
预埋铁件	kg	218.90	169.00	113.56	78.00

续表

项　目	单位	衬　砌　厚　度			
		≤10cm	20cm	30cm	40cm
铁钉	kg	2.97	2.32	1.54	1.07
铁丝	kg	0.57	0.45	0.30	0.21
混凝土柱	m³	0.65	0.50	0.34	0.23
电焊条	kg	3.75	2.89	1.94	1.33
混凝土	m³	103.00	103.00	103.00	103.00
水	m³	165.00	155.00	145.00	125.00
其他材料费	%	1	1	1	1
圆盘锯	台班	0.35	0.28	0.18	12.96
双面刨床	台班	0.30	0.23	0.15	0.11
钢筋切断机　20kW	台班	0.02	0.01	0.01	0.01
钢筋弯曲机　$\phi6\sim\phi40$	台班	0.03	0.03	0.02	0.01
汽车起重机　5t	台班	1.37	1.05	0.71	0.48
载重汽车　5t	台班	0.15	0.11	0.08	0.05
电焊机交流　25kVA	台班	0.65	0.50	0.34	0.23
振动器　1.1kW	台班	6.53	5.93	5.34	4.15
风水枪	台班	5.71	4.67	3.63	1.56
其他机械费	%	5	5	5	5
混凝土拌制	m³	103.00	103.00	103.00	103.00
混凝土运输	m³	103.00	103.00	103.00	103.00
编　号		GZ3－037	GZ3－038	GZ3－039	GZ3－040

3.2.2 底板修补工作内容包括混凝土底板修补、仓面清洗、混凝土振捣养护与辅助工作等。

土　基　　　　　　单位：100m²

项　　目	单位	衬　砌　厚　度			
		≤10cm	20cm	30cm	40cm
技工	工日	42.4	35.8	29.1	15.8
普工	工日	45.0	38.2	34.6	19.2
合计	工日	87.4	73.9	63.7	35.0
混凝土	m³	103.00	103.00	103.00	103.00
水	m³	124.49	109.06	93.62	62.75
其他材料费	％	1	1	1	1
振动器　1.1kW	台班	4.28	3.77	3.25	2.21
其他机械费	％	5	5	5	5
混凝土拌制	m³	103.00	103.00	103.00	103.00
混凝土运输	m³	103.00	103.00	103.00	103.00
编　　号		GZ3－041	GZ3－042	GZ3－043	GZ3－044

岩　基　　　　　　单位：100m²

项　　目	单位	衬　砌　厚　度			
		≤10cm	20cm	30cm	40cm
技工	工日	41.84	35.45	29.07	16.29
普工	工日	54.38	46.08	37.80	21.19
合计	工日	96.22	81.52	66.87	37.48
混凝土	m³	103.00	103.00	103.00	103.00
水	m³	132.00	124.00	116.00	100.00
其他材料费	％	1	1	1	1
振动器　1.1kW	台班	5.22	4.75	4.27	3.32
风水枪	台班	4.57	3.74	2.91	1.25
其他机械费	％	5	5	5	5
混凝土拌制	m³	103.00	103.00	103.00	103.00
混凝土运输	m³	103.00	103.00	103.00	103.00
编　　号		GZ3－045	GZ3－046	GZ3－047	GZ3－048

3.2.3 渠道修补工作内容包括混凝土渠道修补、仓面清洗、混凝土振捣养护与辅助工作等。

土 基

单位：100m²

项 目	单位	衬 砌 厚 度		
		≤15cm	25cm	35cm
技工	工日	173.9	142.7	116.9
普工	工日	173.9	142.7	116.9
合计	工日	347.9	285.5	233.8
混凝土	m³	110.00	108.00	106.00
水	m³	138.00	135.00	113.00
其他材料费	%	1	1	1
振动器 1.1kW	台班	53.62	52.65	44.33
风水枪	台班	2.47	2.41	2.34
其他机械费	%	11	11	11
混凝土拌制	m³	110.00	108.00	106.00
混凝土运输	m³	110.00	108.00	106.00
编 号		GZ3－049	GZ3－050	GZ3－051

岩 基

单位：100m²

项 目	单位	衬 砌 厚 度		
		≤15cm	25cm	35cm
技工	工日	218.6	166.4	131.9
普工	工日	218.6	166.4	131.9
合计	工日	437.12	332.86	263.82
混凝土	m³	137.00	124.00	117.00
水	m³	244.00	220.00	163.00
其他材料费	%	1	1	1
振动器 1.1kW	台班	66.69	60.19	46.28
风水枪	台班	51.61	40.11	28.60
其他机械费	%	5	5	5
混凝土拌制	m³	137.00	124.00	117.00
混凝土运输	m³	137.00	124.00	117.00
编 号		GZ3－052	GZ3－053	GZ3－054

3.2.4 闸门槽二期混凝土修补工作内容包括闸门槽二期混凝土修补、人工凿毛、仓面清洗、混凝土振捣养护、模板制作、安装、拆除维修、场内运输与辅助工作等。

单位：100m³

项　　　目	单位	数　　量
技工	工日	574.8
普工	工日	213.0
合计	工日	787.8
锯材	m³	12.10
木胶板模板	m²	247.00
铁钉	kg	399.00
铁丝	kg	2.00
混凝土	m³	103.00
水	m³	140.00
其他材料	%	1
圆盘锯	台班	19.73
载重汽车　5t	台班	3.20
振动器　1.1kW	台班	12.83
风水枪	台班	2.27
其他机械费	%	4
混凝土拌制	m³	103.00
混凝土运输	m³	103.00
编　　号		GZ3－055

3.2.5 U形槽修补工作内容包括U形预制槽的修补、槽基清理、槽座修整、砂浆拌制、砂浆垫层铺设、槽体现场搬运、就位安装、槽背回填、静水密砂、砂浆嵌缝抹平、槽沿压顶等。

项目	单位	U 形槽制成品规格（每节长 50cm）					
		U30	U40	U50	U60	U80	U120
技工	工日	2.9	3.7	4.4	5.07	5.71	8.24
普工	工日	5.1	6.2	7.2	8.31	9.78	14.11
合计	工日	8.0	9.9	11.6	13.4	15.5	22.3
U 形槽	节	(100)	(100)	(100)	(100)	(100)	(100)
砂浆	m³	0.49	0.80	0.98	1.18	2.53	4.70
砂	m³	2.52	2.93	3.32	3.87	4.80	7.07
水	m³	1.39	1.61	1.83	2.13	2.64	3.89
其他材料费	%	1	1	1	1	1	1
编 号		GZ3 – 056	GZ3 – 057	GZ3 – 058	GZ3 – 059	GZ3 – 060	GZ3 – 061

3.2.6 隧洞混凝土衬砌空洞处理工作内容包括钻孔、砂浆制作、压浆、检查、堵孔、清除剥落面、压缩空气吹净、涂抹环氧砂浆、养护。

项 目	单位	空洞压浆	洞身露筋剥落处理
		10m³	10m²
技工	工日	2.82	5.88
普工	工日	6.58	13.72
合计	工日	9.40	19.60
合金钻头	个	1.00	
42.5 水泥	t	5.48	0.09
水	m³	7.00	1.00
砂	m³	10.82	0.34
环氧树脂	个		45.00
其他材料费	%	5.00	5.00
手持式凿岩机	台班	1.94	4.36
灰浆搅拌机	台班	0.57	
空压机 10m³/min	台班	0.62	
电动空压机 0.3m³/min	台班		3.39
其他机械费	%	5	5
编 号		GZ3 – 062	GZ3 – 063

3.3 混凝土裂缝修补

工作内容包括裂缝清洗、嵌缝、配浆、灌浆、封孔。

单位：缝长或灌段100m

项　目	单位	浅层裂缝缝宽 0～0.2mm，缝长 0～1m	深层裂缝缝宽 0.2～0.4mm，缝长 1～5m	贯穿裂缝缝宽 0.4mm以上，缝长 5m以上
技工	工日	28.61	24.41	23.45
普工	工日	94.44	165.54	158.96
合计	工日	123.05	189.95	182.41
水泥	t		0.2	1
钢筋	t		0.8	2
灌浆材料	kg	280	362	745
紫铜管	m	44	15	11.5
玻璃丝布	m²	50	15	6
氧气管	m	52.5	18	13.5
水	m³	120	100	100
胶合剂"501"	kg	6.42	6.15	1.5
其他材料费	%	5	5	5
风（砂）水枪　6m³/min	台班	9.26	1.87	1.14
载重汽车　5t	台班	1.06	2.28	1.95
灌浆泵中低压泥浆	台班	2.68	5.69	4.96
空压机电动移动式　3.0m³/min	台班	2.68	5.69	4.96
电焊机交流　25kVA	台班			0.49
其他机械费	%	5	5	5
编　号		GZ3－064	GZ3－065	GZ3－066

3.4 止水修补

工作内容包括处理面清理、清（酸）洗、与原有止水连接、整理、检查。

单位：100m

项目	单位	清理伸缩缝	铜片止水	铁片止水	塑料止水	橡胶止水
技工	工日		32.28	11.3	9.4	1.03
普工	工日	0.60	48.40	16.9	14.1	15.5
合计	工时	0.60	80.7	28.2	23.4	16.5
沥青	t		1.70	1.70		
木柴	t		0.57	0.57		
紫铜片厚 15mm	kg		561.00			
白铁皮厚 0.82mm	kg			203.00		
塑料止水带	m				103.00	
橡胶止水带	m					103.00
铜电焊条	kg		3.12			
焊锡	kg			4.20		
铁钉	kg			1.80		
其他材料费	％		1	1	1	1
电焊机交流 25kVA	台班		1.90			
胶轮车	台班		1.25	1.07		
机动空压机 3m³/min	台班	0.08				
编　号		GZ3－067	GZ3－068	GZ3－069	GZ3－070	GZ3－071

注　1. 定额紫铜片规格为 0.0015m×0.4m×1.5m，损耗率5％。如计算规格与定额不同，据实换算。

2. 定额白铁皮规格为 0.00082m×0.3m×20m，损耗率5％。如计算规格与定额不同，据实换算。

3.5 混凝土表面防碳化

工作内容包括清理基面、刷毛、高压无气喷涂环氧涂料。

单位：100m³

项 目	单位	数 量
技工	工日	13.09
普工	工日	24.31
合计	工日	37.40
环氧涂料	kg	64.26
丙酮	kg	16.32
其他材料	%	0.5
空压机 3m³/min	台班	2.54
高压无气喷涂泵	台班	2.54
其他机械费	%	5
编 号		GZ3－072

4 其他工程

说 明

本章包括生态混凝土护坡，三维植物网垫护坡，绿滨垫护坡，生态袋护坡，柔性防护网，水下清基，疏通泄水孔（管），保洁，路面维修，栏杆维修，白蚁防治，树干绑扎草绳，行道树刷白、涂环，整修绿化平台，绿化养护，人工换土植物花草，房屋综合维修养护，机械拆除混凝土及构筑物，小型机械拆除路面，拆除混凝土管道，拆除金属管道，路面凿毛，共22节95个子目。

4.1 生态混凝土护坡

4.1.1 适用范围包括河渠、堤防、库区边坡、路基边坡绿化等生态防护工程。

4.1.2 工作内容包括坡面平整、生态混凝土拌制、回填与运输、撒播草籽、铺盖无纺布、初期养护等。

单位：100m²

项　　目	单位	生态混凝土护坡
技工	工日	7.7
普工	工日	19.4
合计	工日	27.12
生态混凝土　厚12cm（含复合肥料及添加剂）	m²	103
营养型无纺布	m²	105
优质种植土　厚5cm	m³	5.15
钢钉（$\phi=6mm$，$L=60cm$）	根	72
草籽	kg	2.68
无纺布　18g/m²	m²	110
水	m³	8.24
其他材料	％	1
液压挖掘机　1m³	台班	0.14
农用自卸汽车 3.5t 运距 500m 以内	台班	0.23
搅拌机　0.4L	台班	0.92
洒水车　4t	台班	0.35
离心水泵　14kW	台班	0.12
其他机械费	％	1
编　　号		GZ4-001

注 1. 生态混凝土及主要材料均按100m²坡面考虑，实际使用时应结合设计图示的规格按实调整材料用量，人工用量不做调整。

2. 生态混凝土护坡框架梁等围护结构铺筑的费用不包含在本节定额内，应根据设计要求按预算定额相应的项目另行计算。

3. 定额中的草籽或植草种类、数量，可根据设计要求进行调整。

4.2 三维植物网垫护坡

4.2.1 适用范围包括河渠、堤防、库区边坡、路基边坡绿化等生态防护工程。

4.2.2 工作内容包括坡面平整压实、挖沟槽、三维植物网垫铺设、搭接锚固、覆土、撒播草籽、盖无纺布、初期养护。

单位：100m²

项　　目	单位	三维植物网垫护坡
技工	工日	3.1
普工	工日	20.42
合计	工日	23.5
三维植物网垫（三层）	m²	113
优质种植土　厚5cm	m³	10.3
钢钉（ϕ=6mm，L=60cm）	根	70
草籽	kg	2.68
无纺布　18g/m²	m²	110
水	m³	8.24
其他材料	%	1
液压挖掘机　1m³	台班	0.75
洒水车　4t	台班	0.35
离心水泵　14kW	台班	0.12
其他机械费	%	1
编　　号		GZ4－002

注 1. 三维植物网垫及主要材料均按100m²坡面考虑，实际使用时应结合设计图示的规格按实调整材料用量。人工用量不做调整。

　　2. 定额中的草籽或植草种类、数量，可根据设计要求进行调整。

4.3 绿滨垫护坡

4.3.1 适用范围包括河渠、堤防、库区边坡、路基边坡绿化等生态防护工程。

4.3.2 工作内容包括坡面平整、运填土石料、铺设土工织物、人工组装铺设绿滨垫、覆土、撒播草籽、初期养护。

单位：100m²

项　　目	单位	生态绿滨网垫护坡
		网孔：80mm×100mm
		网规格（长×宽×高）：3m×2m×0.2m
技工	工日	1.88
普工	工日	4.83
合计	工日	6.71
绿滨网垫	m²	254.07
土工布　500g/m²	m²	55
乱毛石	m³	21
种植土　厚10cm	m³	10.3
草籽	kg	2.68
无纺布　18g/m²	m²	110
水	m³	8.24
其他材料	%	1
液压挖掘机　1m³	台班	0.1
载重汽车　5t	台班	0.06
其他机械费	%	1
编　　号		GZ4-003

注 1. 绿滨垫按3m×2m×0.2m规格（包括中间2个隔片）展开面积拟定，设计规格不同时，网格数量应按设计调整，其他不变。

2. 常水位以下的护坡砌筑，感潮段河流人工用量乘以系数1.25，其余不变。

3. 定额中的草籽或植草种类、数量，可根据设计要求进行调整。

4.4 生 态 袋 护 坡

4.4.1 适用范围：河渠、堤防、库区边坡、路基边坡绿化等生态防护工程。

4.4.2 工作内容包括坡面平整、护坡框架浇筑、装填生态袋、铺设生态袋、清理场地等。

单位：100m²

项　　目	单位	生态袋铺设
		规格：宽400mm×长815mm
技工	工日	4.15
普工	工日	33.5
生态袋	个	721
连接扣	个	481
杂土	m³	42.4
其他材料	%	10
载重汽车　5t	台班	0.16
其他机械费	%	5
编　　号		GZ4－004

注 1. 生态袋及主要材料均按100m²坡面考虑，设计规格不同时，生态袋数量应按设计调整，其他不变。

2. 生态袋护坡框架护梁等围护结构铺筑以及植草绿化的费用均不包含在本节定额内，应根据设计要求按预算定额相应的项目另行计算。

4.5 柔 性 防 护 网

工作内容包括：

1 主动防护网：锚杆钻孔、打锚杆、砂浆锚固、挂网、缠绕钢丝绳、连接紧固件。

2 被动防护网：钢柱基础钻孔、挖凿、安装钢柱、水泥砂浆锚固、安装保护网、辅件固定。

单位：100m²

项　　目	单位	主动防护网	被动防护网
技工	工日	7.51	36.86
普工	工日	17.51	15.80
合计	工日	25.02	52.66
M30 砂浆	m³	1.5	2.5
150 内合金钻头	个		19
钻杆	kg	30.6	
42.5 水泥	t	0.918	1.53
水	m³	1	1
砂	m³	1.49	2.48
钻孔套钢管	kg	31.8	
冲击器	个	0.2	
主动防护网	m²	120	
被动防护网	m²		106
其他材料	％	5	5
锚固钻机 DN38～DN170	台班	3.63	
机动空压机 17m³/min	台班	3.63	1.82
其他机械费	％	3	3
编　　号		GZ4-005	GZ4-006

注 1. 主动防护网不包括锚杆制作及安装，锚杆制作、安装按有关定额另行计算。

2. 主动防护网挂网时，如边坡坡度大于70％或者边坡高度大于50m，人工乘以系数1.5；二者同时满足时，人工乘以系数2.0。

4.6　水　下　清　基

工作内容包括：

1　人力或机械开挖、装渣、运渣。

2　冲走岩石缝砂石、潜水装置炸药（包括压麻袋黄土）爆破。

3　捆绑孤石、吊起、移船运走。

单位：100m²

项目	单位	人工清理	潜水工清基	挖掘机抓挖	水下表面爆破
技工	工日	2.17	15.21	1.4	15.27
普工	工日	106.65	745.32	68.46	11.07
合计	工日	108.82	760.53	69.86	26.34
炸药	kg				124
导电线	m				206
电雷管	个				137
其他材料费	%				2.5
木船　20～30t	台班		71.23		1.925
潜水衣具	台班		71.23		
木船　5～10t	台班		71.23	8.28	
单斗挖掘机液压　0.6m³	台班			1.83	1.925
钢质趸船　70t	台班			1.83	
链式起重机手动　5t	台班				1.925
潜水衣具	台班				
编　　　号		GZ4-007	GZ4-008	GZ4-009	GZ4-010

4.7 疏通泄水孔（管）

工作内容包括人工疏通泄水孔（管）、清除孔内泥土、杂物。

单位：10 个

项　目	单位	疏通泄水孔（管）
技工	工日	
普工	工日	0.4
合计	工日	0.4
小型机械使用费	元	0.4
编　号		GZ4 - 011

4.8 保　洁

工作内容包括：

1 水域保洁：水上清捞垃圾、保水面清洁、垃圾卸至指定地点。

2 陆域保洁：清扫管理范围内道路、清除绿化中的垃圾、保持景观内台椅等的清洁。

3 标志牌保洁：擦洗表面灰尘、污垢。

4 清捡白色垃圾。

项目	单位	水域保洁	陆域保洁	标志牌保洁	清捡白色垃圾
		1万 m² · 次	1万 m² · 次	1块 · 次	100km · 次
技工	工日	0.01	0.01	0.01	
普工	工日	0.21	0.85	0.95	13.30
合计	工日	0.22	0.86	0.96	13.30
零星材料费	%	5.00	5	5.00	

项目	单位	水域保洁	陆域保洁	标志牌保洁	清捡白色垃圾
		1万 m²·次	1万 m²·次	1块·次	100km·次
木船	台班	0.03			
机动船	台班	0.05			
载重汽车	台班	0.02			
垃圾数量	t	(0.24)			
其他机械费	%	5			
编号		GZ4－012	GZ4－013	GZ4－014	GZ4－015

注 括号内的垃圾数量是需要将清捞的垃圾外运，计算外运费用时的参考数量。

4.9 路 面 维 修

工作内容包括：

1 泥结石路面：破损面的清除、挖路槽、培路肩、铺料、灌浆碾压、磨耗层及散铺封面砂。

2 混凝土路面：破损面的清除，挖路槽，培路肩，木槽制安拆，混凝土配料、拌和、浇筑、振捣、抹面或拉毛、养护，灌注沥青伸缩缝等。

3 沥青碎石路面：破损面的清除、沥青加热、洒布、铺料、碾压、铺保护层。

单位：100m²

项　　　目	单位	泥结石路面		混凝土路面		沥青碎石面	
		压实厚 10cm	每增减 1cm	压实厚 10cm	每增减 1cm	压实厚 10cm	每增减 1cm
技工	工日	3.5	0.2	12.5	0.5	2.6	
普工	工日	4.8	0.3	17.5	0.7	3.6	

项　　目	单位	泥结石路面		混凝土路面		沥青碎石面	
		压实厚 10cm	每增减 1cm	压实厚 10cm	每增减 1cm	压实厚 10cm	每增减 1cm
合计	工日	8.3	0.5	30.0	1.3	6.3	
混凝土	m³			20.60	1.03		
砂子	m³	7.10					
石子	m³	28.68	2.87			31.25	
石屑	m³	3.04	0.30			3.12	
水	m³	4.20	0.32	5.55			
黏土	m³	3.76	0.31				
锯材	m³			0.03			
沥青	kg			16.99	0.85	241.50	90.00
渣油	kg					760.00	31.50
煤	kg			4.63	0.23		
标准砖	千块					0.13	
木柴	kg			0.39	0.02		
其他材料费	%	1		1		2	
拌和机　0.4m³	台班			0.86	0.05		
振捣器　平板式2.2kW	台班			2.13			
胶轮车	台班			2.97	0.15		
压路机　内燃　6~8t	台班	0.05					
压路机　内燃　12~15t	台班	0.17				0.60	0.06
沥青洒布车　3500L	台班					0.02	
其他机械费	%	1		1		5	
编　　号		GZ4-016	GZ4-017	GZ4-018	GZ4-019	GZ4-020	GZ4-021

4.10 栏杆维修

工作内容包括：

1 钢筋混凝土花板栏杆维修：破损栏杆的拆除和清理，钢筋制作、安装，混凝土拌和、运输、浇筑、养护，构件运输、安装，砂浆抹面，配涂料、涂刷，场内运输、清理场地等。

2 钢筋混凝土柱钢栏杆维修：破损栏杆的拆除和清理、放样、配料、切割、煨制、焊接、堆放、定位、固定，现浇混凝土栏杆、沿石、安装钢栏杆扶手，除锈、涂刷底漆一度、面漆二度，场内运输、清理场地。

3 不锈钢栏杆维修：拆除破损的栏杆，放样、配料、切割、煨制、焊接，场内运输、清理场地。

单位：10m

项　目	单位	钢筋混凝土花板栏杆维修	钢筋混凝土柱钢栏杆维修	不锈钢栏杆维修
技工	工日	13.1	17.9	2.1
普工	工日	9.7	13.2	1.6
合计	工日	22.7	31.1	3.7
混凝土	m³	1.17	0.71	
砂浆	m³	0.11		
松木锯材	m³	0.08	0.04	
钢筋	kg	167.00	151.30	
型钢	kg		350.00	
钢管	kg		103.60	
不锈钢管 ϕ3.18×1.0	m			56.93
不锈钢管 ϕ60×1.0	m			10.60

项　目	单位	钢筋混凝土花板栏杆维修	钢筋混凝土柱钢栏杆维修	不锈钢栏杆维修
不锈钢管 $\phi89\times1.5$	m			10.60
不锈钢法兰盘 $\phi59$	只			57.71
圆钉	kg	22.40	27.00	
铁丝	kg	0.46	0.77	
油漆	kg		3.20	
乙炔气	m³		1.86	
氧气	m³		5.19	
电焊条	kg		7.20	
不锈钢焊丝	kg			1.27
其他材料费	％	2	2	5
振捣器　平板式 2.2kW	台班	0.18		
振捣器　插入式 1.1kW	台班	0.18	1.16	
钢筋切断机　$\phi40$	台班	0.07	0.07	
管子切断机　$\phi60$	台班			1.03
氩弧焊机　500A	台班			0.17
电焊机　25kVA	台班		1.25	0.14
其他机械费	％	1	1	2
编　号		GZ4-022	GZ4-023	GZ4-024

4.11　白　蚁　防　治

工作内容包括人工清出工作面、埋置投放盒、诱导、观察、清理。

项　目	单位	数　量
技工	工日	15.4
普工	工日	19.6
合计	工日	35.1
灭蚁灵原粉	kg	0.76
灭蚁灵毒饵	kg	0.54
引诱料	kg	46.00
盖板及地膜	套	3.80
施药器械	套	0.38
其他材料费	%	5
编　号		GZ4－025

4.12　树干绑扎草绳

工作内容包括搬运、绕杆、余料清理。

单位：100m 树干绑扎

项　目	单位	草绳绕树干胸径			
		4cm	6cm	8cm	12cm
技工	工日				
普工	工日	2.07	2.30	2.51	2.97
合计	工日	2.07	2.30	2.51	2.97
草绳	kg	100	135	170	235
编　号		GZ4－026	GZ4－027	GZ4－028	GZ4－029

4.13 行道树刷白、涂环

工作内容包括调制灰浆、涂刷、清理现场。

单位：100 株

项 目	单位	胸 径		
		10cm 以下	20cm 以下	30cm 以下
技工	工日			
普工	工日	0.50	0.7	0.9
合计	工日	0.50	0.70	0.90
生石灰	t	0.05	0.1	0.1
工业盐	kg	2.23	5.5	8.6
编 号		GZ4－030	GZ4－031	GZ4－032

4.14 整修绿化平台

工作内容包括铲草、垫土、挂线、整平、修理。

单位：10m^2

项 目	单位	数 量
技工	工日	
普工	工日	4.70
合计	工日	4.70
其他材料费	%	2.00
编 号		GZ4－033

4.15 绿 化 养 护

工作内容包括：

1 除草：松土、除草、配制药液、喷洒、清理现场。

2 除爬藤植物：清除爬在树上的植物、拔除植物根部、清理现场。

3 草坪维护与补损：草坪修理、整理、缺损补损等。

4 人工施肥：人工运肥、敲碎结块、人工施肥、清洁工具。

5 喷药治虫：配制药液、喷洒、清洁工具。

项目	单位	除草		除爬藤植物	草坪维护与补损	人工施肥	喷药治虫
		人工	药物	人工			
		100m²				1kg	1kg
技工	工日						
普工	工日	3.0	0.7	5.5	118.6	0.1	3.6
合计	工日	3.0	0.7	5.5	118.6	0.1	3.6
药剂	kg		0.20		0.61		1.00
化肥	kg				29.78	1.00	
水	m³				12.67		0.85
其他材料费	%		10		10	10	10
编号		GZ4-034	GZ4-035	GZ4-036	GZ4-037	GZ4-038	GZ4-039

项目	单位	树木修枝			常绿树修枝			树木补缺	
		≤10cm	10～20cm	>20cm	≤10cm	10～20cm	>20cm	落叶树	常绿树
技工	工日								
普工	工日	0.3	0.6	0.9	0.4	0.8	1.3	0.7	1.0
合计	工日	0.3	0.6	0.9	0.4	0.8	1.3	0.7	1.0
树苗	棵							1.02	1.02
其他材料费	%							5	5
编号		GZ4－040	GZ4－041	GZ4－042	GZ4－043	GZ4－044	GZ4－045	GZ4－046	GZ4－047

4.16 人工换土植物花草

工作内容包括装、运土到坑边（包括 50m 运距）。

1 带土球乔、灌木

单位：100 株

项 目	单位	乔、灌木土球直径			
		20cm	30cm	40cm	50cm
		挖坑直径×坑深			
		40cm×30cm	50cm×40cm	60cm×40cm	90cm×50cm
技工	工日				
普工	工日	1.30	2.72	3.93	11.00
合计	工日	1.30	2.72	3.93	11.00
种植土	m³	5.4	11.2	16.2	45.5
编 号		GZ4－048	GZ4－049	GZ4－050	GZ4－051

2 裸根乔木

单位：100 株

项 目	单位	裸根乔木胸径			
		4cm	6cm	8cm	12cm
		挖坑直径×坑深			
		40cm×30cm	50cm×40cm	60cm×50cm	90cm×60cm
技工	工日				
普工	工日	1.30	2.72	4.88	13.20
合计	工日	1.30	2.72	4.88	13.20
种植土	m³	5.4	11.2	20.2	54.6
编 号		GZ4－052	GZ4－053	GZ4－054	GZ4－055

3 裸根灌木

单位：100 株

项 目	单位	裸根灌木胸径		
		100cm	150cm	200cm
		挖坑直径×坑深		
		30cm×30cm	40cm×30cm	50cm×40cm
技工	工日			
普工	工日	0.72	1.30	2.72
合计	工日	0.72	1.30	2.72
种植土	m³	3.0	5.4	11.2
编 号		GZ4－056	GZ4－057	GZ4－058

4 草坪、花草

单位：100m²

项　目	单位	土厚 30cm
技工	工日	
普工	工日	14.47
合计	工日	14.47
种植土	m²	33.00
编　号		GZ4－059

5 单排绿篱带沟

单位：100m

项目	单位	栽植绿篱（单排）高				
		40cm	60cm	80cm	120cm	150cm
		挖沟槽宽×槽深				
		25cm×25cm	30cm×25cm	35cm×30cm	45cm×35cm	45cm×40cm
技工	工日					
普工	工日	1.18	1.40	1.98	2.96	3.38
合计	工日	1.18	1.40	1.98	2.96	3.38
种植土	m³	8.9	10.7	15.0	22.5	25.7
编　号		GZ4－060	GZ4－061	GZ4－062	GZ4－063	GZ4－064

6 双排绿篱带沟

单位：100m

项　目	单位	栽植绿篱（双排）高		
		40cm	60cm	80cm
		挖沟（槽宽×槽深）		
		30cm×25cm	35cm×30cm	40cm×35cm
技工	工日			
普工	工日	1.41	1.98	2.65
合计	工日	1.41	1.98	2.65
种植土	m³	10.7	15.0	20.0
编　　号		GZ4－065	GZ4－066	GZ4－067

7 补植草皮、草籽。

工作内容包括：

1）补植草皮：铺筑、拍紧、木橛钉固草皮、铺花格草皮、挖槽。

2）铺草皮：翻土整地、铺草皮、场地清理。

3）播草籽：翻土整地、施底肥、播种、覆盖、踩实。

单位：100m²

项　目	单位	补植草皮		铺草皮	播草籽	
		网格式	满铺式		散播	点播、条播
技工	工日					
普工	工日	20.6	33.5	4.9	1.1	2
合计	工日	20.6	33.5	4.9	1.1	2
草籽	kg				14	14
水	m³				5	5
草皮	m²	381.15	1100	110		
其他材料费	元	214.1	339.9		15.3	20.4
小型机具使用费	元			1.6	0.3	0.4
编　　号		GZ4－068	GZ4－069	GZ4－070	GZ4－071	GZ4－072

4.17 房屋综合维修养护

工作内容包括屋面防水修补、更换玻璃、门窗刷漆、内墙涂料。

单位：10m²

项　目	单位	数　量
技工	工日	0.6
普工	工日	14.25
合计	工日	14.84
沥青	kg	131.04
沥青油毡	m²	0.54
玻璃	m²	1.20
清漆	kg	0.51
调和漆	kg	7.79
涂料	kg	37.12
水泥	kg	2.49
其他材料费	%	12.00
编　号		GZ4-073

4.18 机械拆除混凝土及构筑物

工作内容包括破碎岩石、机械移动。

单位：1000m³

项　目	单位	拆除混凝土构筑物	拆除钢筋混凝土构筑物
技工	工日		
普工	工日	1.719	1.719
合计	工日	1.719	1.719
单斗挖掘机　1m³	台班	23.8	51.4
液压锤	台班	21.4	46.3
其他机械费	％	3	3
编　　号		GZ4-074	GZ4-075

4.19 小型机械拆除路面

工作内容包括拆除、清底、场内运输、旧料清理成堆。

单位：100m³

项　目	单位	小型机械拆除旧路	
		厚 10cm 以内	每增加 1cm
技工	工日		
普工	工日	4.61	0.394
合计	工日	4.61	0.394
高压橡皮风管　DN25	m	0.04	
合金钢钻头	个	0.2	0.02
空心钢	kg	0.32	0.03

项　目	单位	小型机械拆除旧路	
		厚10cm以内	每增加1cm
电动空气压缩机　3m³/min	台班	0.65	0.07
风动凿岩机手持式	台班	1.3	0.13
其他机械费	%	3	3
编　号		GZ4-076	GZ4-077

4.20　拆除混凝土管道

工作内容包括平整场地、清理工作坑、剔口、吊管、清理管腔污泥、旧料就近堆放。

单位：100m

项　目	单位	拆除混凝土管道					
		DN300	DN450	DN600	DN1000	DN1500	DN2000
技工	工日						
普工	工日	28.539	38.556	15.561	22.344	30.87	38.803
合计	工日	28.539	38.556				
汽车式起重机　8t	台班			3.47	5		
汽车式起重机　12t	台班					6.57	
汽车式起重机　16t	台班						8.15
其他机械费	%			3	3	5	5
编　号		GZ4-078	GZ4-079	GZ4-080	GZ4-081	GZ4-082	GZ4-083

4.21 拆除金属管道

工作内容包括平整场地、清理工作坑、安拆导链、剔口、吊管、清理管腔污泥、旧料就近堆放。

单位：100m

项　目	单位	人工拆除金属管道		
		DN200	DN400	DN600
技工	工日			
普工	工日	10.972	26.334	59.75
合计	工日	10.972	26.334	59.75
原木	m³	0.217	0.184	0.184
工字钢综合	t	0.053	0.046	0.046
镀锌低碳钢丝　8#	kg	3.09	3.09	3.09
其他材料费	%	1	1	1
编　号		GZ4－084	GZ4－085	GZ4－086

单位：100m

项　目	单位	机械拆除金属管道				
		DN300	DN500	DN800	DN1000	DN2000
技工	工日					
普工	工日	6.837	13.974	24.438	43.89	53.466
合计	工日	6.837	13.974	24.438	43.89	53.466
汽车式起重机　12t	台班	0.69	1.11			
汽车式起重机　16t	台班			1.85	2.22	2.47
其他机械费	%	1	1	3	3	3
编　号		GZ4－087	GZ4－088	GZ4－089	GZ4－090	GZ4－091

4.22 路 面 凿 毛

工作内容包括凿毛、清扫废渣。

单位：100m²

项 目	单位	沥青混凝土		水泥混凝土	
		人工	小型机械	人工	小型机械
技工	工日				
普工	工日	3.627	1.711	6.765	3.292
合计	工日	3.627	1.711	6.765	3.292
合金钢钻头	个		0.03		0.05
空心钢	kg		0.05		0.07
高压橡皮风管 DN25	m		0.01		0.01
电动空气压缩机 3m³/min	台班		1.09		1.19
风动凿岩机手持式	台班		1.09		1.19
其他机械费	%		3		3
编 号		GZ4-092	GZ4-093	GZ4-094	GZ4-095

附录 B

表 B.0.1 生态混凝土配合比及材料用量表 单位：1m³

序　　号	预　算　量			
	42.5水泥	碎石	水	增强剂
	kg	m³	m³	kg
C10 生态混凝土	265	0.96	79	12
C15 生态混凝土	300	0.96	87	12

注 增强剂的添加量是水泥用量的3%～6%。增强剂按石子干净程度选择添加量。

表 B.0.2 补充施工机械台班费定额

机械名称及规格型号	第一类费用/元				第二类费用			
	基本折旧费	修理替换设备费	安装拆卸费	小计	人工/工日	电/(kW·h)	柴油/kg	汽油/kg
链式起重机 手动起重量5.0t	1.92	0.64	0	2.56	1			
钢质趸船 载重量70t	22.17	31.7	0	53.87	3	10		
手扶式双滚轮压路机 VT-600C	37.05	57.8	0	94.85	1		1.56	
汽车式沥青喷洒机 4000L	102.06	77.08	0	179.14	1			34.28
岩石切割机　3kW	7.47	73.76	0	81.23	1	19.2